石材

萬用事典

— STONES MATERIAL —

漂亮家居編輯部 著

設計師塑造質感住宅
致勝關鍵350

暢銷
修訂版

目錄 **CONTENTS**

Part 4 設計師與石材廠商

附錄
石材專有名辭及裝修術語解釋

Part 1
風格空間賞析

石材與天光、
景致的協奏曲

撰文 **李亞陵**　空間設計暨圖片提供 **尚藝設計**

新米黃大理石地板，搭配皇家銀鑽大理石電視牆，襯佐溫煦木料，締造大器休閒的視野。

1 頂天立地的大器電視牆。身為室內唯一的牆面，採皇家銀鑽大理石打造電視牆，以頂天立地之姿座立於空間中，體現不凡氣度，並與延伸的木質天花形成冷硬與溫潤的對比。2 大理石地坪映出天寬地闊。地坪使用大面積新米黃大理石作鋪陳，型塑有如鏡面般的反射效果，地坪色澤淡雅且帶有白花，質地堅硬而拋光亮麗，締造敞亮剔透的居家視野。

自地自建的景觀別墅，居住成員為三代同堂的一家六口，屋主期望能在設計中體現家族的世家風範，並享盡天倫之樂，滿足老中青三代的居住需求，坐擁各自完整而獨立的生活空間。設計師將景觀、建築到室內加以整合，和諧表現出建築與基地的共存關係，藉著開窗、導引景致與採光進駐，並講究居家的建材使用，選用木質、大理石材等天然素材，讓住宅裡外都猶如大自然般生機盎然。

廳區場域，運用當代語彙及簡練線條，詮釋蘊含層次感的設計符碼，透過三種淺色石材的運用，以皇家銀鑽大理石、新米黃大理石、小雕刻白大理石等串聯整個居家場域。採以透亮的「新米黃大理石」鋪敘地坪、與窗外採光相佐互映，搭配自然景觀綿延入室，照出山林間的天寬地闊。再選用獨特的「皇家銀鑽大理石」打造別墅內唯一一道電視牆，藉由中性的灰色石紋脈絡，隱敘大自然的生機流動，以頂天立地之姿串起一、二樓的視野，再搭配沉靜安逸的橡木皮鋪陳，相佐室外的天光與綠意，營造出寫意無限的氛圍。延伸至私領域與衛浴，亦大量使用潔淨百搭的「小雕刻白大理石」，與周邊裝修完美融合，構築空間場域的絕佳背景。

2

HOME DATA

坪數 250坪／**使用石材** 皇家銀鑽大理石、新米黃大理石、小雕刻白大理石／**其他素材** 鍍鈦、鐵件、白橡鋼刷木皮

3

3 展示平台打造聚焦端景。轉向廳區後方，則可見另一道端景立面，採小雕刻白大理石做為展示平台背景，搭配金屬吊燈的垂墜高度，讓視線可順勢被導引，聚焦於此道展示牆面。4 石牆串起場域動線。以電視牆為中心，串起客廳與餐廚之間的回字動線、瓦解生硬的場域疆界，電視牆背面同樣採以小雕刻白大理石為底，成為展示傢飾品的素淨背景。5 石材與鋼材的異材對話。以小雕刻白淨白大理石打造吧台與餐桌，佐以鋼材廚具系統，透過長型窗面援引陽光，讓光穿梭於流理台之間，融匯成舒適圓融的場景，勾勒一家人下廚、用餐時的和樂畫面。

6 鮮明與柔和的紋理對比。電視主牆的皇家銀鑽大理石向後延伸包覆，展現鮮明清晰的脈絡，對應中央淡雅柔和的小雕刻白大理石，形成兩種灰色大理石的紋理對比。7 靜謐建材與採光相佐。臥房採小雕刻白大理石材質建構電視牆，襯佐溫潤木皮，帶出空間暖度，並局部開窗篩濾陽光，達到通風的舒適目的，在安靜的配色及材質選擇之下，令人得以享受片刻一晌的靜謐。8 潔淨典雅的石紋浴缸。衛浴浴缸為小雕刻白大理石打造而成，轉化山川流水的痕跡，讓空間在視覺上更為典雅，搭配上巨幅鏡面折射，能讓空間在視覺上更為廣闊。

大理石與木素材的和諧共奏，
低調譜出奢華樂章

撰文 **張景威**　空間設計暨圖片提供 **相即設計**

室內以蒙馬特灰大理石為主軸，從玄關、走道延伸至餐廳立面，灰色紋理展現優雅質感。

每一位屋主的需求常是居家空間設計的基礎與原點，而此間由毛胚屋開始設計的此案，因應家庭成員的使用模式而將原本的三房格局改為四房，並多一套衛浴讓使用動線上更為順暢便利。喜愛簡約風格與石材紋理的男主人，希望能於公共空間使用大理石材展現低調奢華，因此相即設計在室內運用各式花樣的大理石做大面積的鋪陳延伸，令整體展現大器視覺。

由玄關入口處進來，地坪即使用蒙馬特灰大理石，灰色紋理蔓延至客廳走道並攀上餐廳立面，以240公分X120公分的大尺度賦予空間灰色質感印象，而客廳中央沙發處地坪則以人字拼木地板中和石材冷調並賦予踩踏間的溫潤感受。天花則是回應從事空服員工作的女主人嚮望的北非摩洛哥建築，以抽象弧線與圓拱詮釋清真式屋頂。

開放式客餐廳設計讓空間更顯寬敞連貫，側邊牆面前方為懸空整合櫃體，具備鞋櫃與收納櫃功能，鏤空處則鋪設月亮谷大理石，仿古霧面處理與其他亮面石材形成對比，而後半部則為胡桃洗白木皮格柵，無形為場域畫出界限。空間主軸蒙馬灰大理石亦延伸至廚房地坪完整整體意象，中島則使用咖啡色大理石與奶茶色的櫥櫃相互呼應，空間就在石材變化表現之中展現出氣派氛圍。

1＋2燈光照射花崗石結晶點亮玄關。玄關使用金色夢幻花崗石並透過燈光照射結晶令空間顯得放大。轉折後進公共空間，除了地坪選用蒙馬特灰大理石延伸入室內，櫃體側面做展示造型最下方為小物收納，而突出的仿古處理月亮谷大理石檯面，則作為穿鞋椅使用。3巧用建材劃分場域。開放式的空間利用建材做出無形的場域切割：地坪使用石材與木材區分客廳界限，而餐廳則以牆面的櫃體與木格柵巧妙劃分。

HOME DATA

坪數 63坪／**使用石材** 蒙馬特灰大理石、金色夢幻花崗石、月亮谷大理石、翡冷翠大理石、觀音山大理石、夢幻銀河大理石／**其他素材** 胡桃洗白木皮、鍍鈦金屬鐵件、海島型木地板、造型壁紙、繃布皮革

4 人字拼木地板給予地毯般的溫暖。客廳中央沙發處地坪以人字拼木地板中和石材冷調，給予有如地毯般的溫潤感受，而與走道大理石利用不鏽鋼條收邊，達到平整效果。5 天花弧形圓拱表徵北非建築。公共空間以簡約的設計與華麗大理石材展現低調奢華，而天花則以抽象的弧形圓拱象徵北非摩洛哥建築，回應女主人喜好卻也不顯突兀。6 各式大理石相互呼應共鳴。餐廳選用一盞古典吊燈彰顯藝術氣息，餐桌以和客廳茶几相同的特製白色大理石打造並與餐廳立面相互呼應，而褐色皮質餐椅點綴其中，恰如其分的增添溫度。

6

7 咖啡色大理石中島檯面搭配同色櫥櫃。廚房內中島吧檯則使用咖啡色大理石做檯面，與奶茶色的櫥櫃相互搭配，而皮革高腳椅則為空間畫龍點睛。8＋9 仿大理石磁磚美觀易養護。衛浴空間亦是延伸室內風格，以石材為主軸，但除了檯面使用大理石外，壁面則選用仿大理石磁磚，方便保養維護。

石與木、鐵件混搭的
時尚大器退休宅

撰文 **許嘉芬**　空間設計暨圖片提供 **奇逸設計**

對比地坪的灰色天然大理石的亮面質感，左側立面特別選用仿古面的木化石呈現，並利用垂直水平的溝縫作出簡單俐落的分割造型。

1 石紋與質地變化創造層次。從餐廳望向客廳，通往主臥起居室的立面形成廳區的端景之一，有別於地坪的灰色石材、大地色木化石，改以卡拉拉白大理石鋪陳，且利用輕盈視感的鐵件發展出收納、展示實質機能。2 材料統整創造和諧與空間廣度。灰色天然大理石地坪鋪陳至廊道，中島輕食區的木格柵天花材料亦延續發展成為廊道壁面，藉由材料統整拉大空間廣度，也巧妙將客浴門片隱藏。

HOME DATA

坪數 87坪／**使用石材** 灰色天然大理石、木化石、卡拉拉白大理石、鑿面花崗石／**其他素材** 玻璃、壓克力、橡木染深、實木地板、橡木、仿石紋磁磚

由於家庭成員的變動，讓夫妻倆萌生二度裝修的念頭，原本就是兩戶打通的中古屋，狹長型的格局如何安排生活動線，奇逸設計將公領域集中在中間，透過一條長形軸線，分別展開客餐廳、視聽室，空間感通透完整，主臥房、女兒房則規劃於兩側，讓彼此享有私密獨立的空間。半退休的屋主夫妻倆，將這次重新裝修視為退休以後能長久居住的居所，因此格外重視建材、家具的選擇與搭配，像是材質是否好保養與清潔，而生活上倆人重視閱讀、聽音樂大過於觀賞電視。為此，客廳區域捨棄一般以電視主牆為軸心的配置，選用類似木紋、有著溫暖大地色系的木化石鋪陳，藉由垂直水平溝縫作分割設計，結合酒精壁爐創造生活感。考量料理習慣特別劃設中式廚房，並將原本餐廳改造為輕食中島區，夫妻倆也樂於在此享用早餐、看書，為避免中島區域過於廚具感，利用紋理類似天然石材的人造石檯面賦予斜面造型設計，一側的餐櫃檯面與壁面則特別選用仿燒面的黑色花崗石，與深黑色廚具能相互融合，相較一般石材更易於保養維護。

　　公共場域地坪幾乎全以灰色天然大理石為鋪陳，轉折進入起居室動線的立面設計，視為廳區的視覺牆面，因此立面背景特別選用卡拉拉白大理石，結合輕盈鐵件打造兼具收納與展示的端景牆效果，並讓卡拉拉白石材延續成為起居室臥榻結構、書牆立面材料。轉至私密臥房則多以溫潤的木材為主，並搭配仿如石材紋理般的磚材運用於衛浴，兼顧大器氣勢，又能夠貼近日常保養維護。

3 石與磚轉換場域屬性。從玄關一路往內延伸灰色亮面大理石地坪，轉至中島輕食區換上黑色磁磚，餐櫃檯面與壁面選用黑色仿燒面花崗石，與廚具極為融入。中島桌面為兼顧清潔與實用，運用如天然石紋的人造石打造，斜角造型與壓克力桌腳設計，加上下櫃包覆木格柵，讓中島更為輕盈俐落，也降低過於廚具感的視覺感受。4 獨立又開放的視聽盒體。視聽室以獨立盒體的視覺置入空間當中，因此天花板與牆體部分使用玻璃，搭配天地鉸鍊旋轉門為一側隔間，通透性更為完整，聲音傳達性也更好。5 異材質的立體堆疊。起居室的臥榻底部同樣為卡拉拉白大理石，藉由L型的設計，讓坐墊宛如嵌入於石材基座般的效果，轉角處的後方為更衣間，利用適當的比例劃分，產生可配置單椅的空間，型塑閱讀角落。6 木石混搭襯托現代大器。起居室書牆延續廳區的卡拉拉白大理石為背牆，鐵件搭配木作發展出橫向書架軸線，往內則是主臥睡寢區，立面飾以溫潤的橡木，結合鐵件、皮革等素材混搭出現代感。

7 布織感紋理增添空間暖度。將主臥房更衣室的布紋磁磚延伸鋪陳至衛浴空間，有別於一般磁磚圖騰的紋理，讓空間有所延續也能提升暖度，面盆檯面選用賽麗石，相較深色石材可兼顧維護與耐用，鏡面則是加入鐵件分割、隱藏光源，創造如同燈箱般的效果。8 裝飾藝術讓臥房成廊道端景。女孩房亦屬於廊道末端端景的一部分，設計師特別選擇裝飾性強烈的藝術家具—義大利B&B的UP5紅色單椅作搭配，主牆則是擷取自蒙德里安畫作概念，利用磁磚創作出色塊拼組，並利用黃藍紅白四個色階作為空間基礎色彩計劃。9 仿石磚材著重填縫模擬石材質感。女孩房專屬衛浴將梳妝與面盆作整合，以通透的空間感型塑完整的乾濕分離設計，同時精挑宛如大理石紋般的磁磚鋪陳，搭配石材填縫劑的美容工法，使導角能圓潤與細緻。10 長條型石材分割拼出精緻大器。客用衛浴利用卡拉白大理石切割為長條型作拼貼，最末端銜接嵌入落地鏡面，並以鐵件作出框架收邊，輔以間接照明作出獨特與精緻感。

枕石漱流
當代自然家居

撰文 **李亞陵**　空間設計暨圖片提供 **近境制作**

紋路清淺的石材，低調地融於整體之中，略施線條勾勒層次與比例，凸顯其細緻質地。

空間為複層式住宅、地下層暗淡無光，針對缺乏光線及景觀的條件，選擇將建築的挑高層分塊，並增設夾層空間且開洞外推，經由挑高天景連結樓層，讓地下層卻可感受到自然光、雨水及綠意萌芽，以兩處大面積的天井開窗，促使陽光滲透至屋內，提供居者最多的光線所在。而原本黯淡的地下一層則變為泡茶區與SPA區，提供品茗、沐浴的感官享受，且伴隨竹林造景，讓綠意不僅存在於戶外，而是深入至起居之中，構建起屬於當代的自然家居概念。

同時使用雅柏白大理石、深松柏大理石、安格拉珍珠大理石等石材，藉著彩度低、紋路清淺的材料運用，低調地融於整體設計之中，略施線條勾勒層次與比例，自然而然地凸顯立面與地坪質地，伴隨著如木質、鏡面、金屬等其他建材，轉換著透過多元材質的溫度、組成豐富的空間景致。尤其更安排一組大尺度臥榻，可放鬆的或躺或坐，延伸步入SPA區，更可見到特別安排的粗獷原石床，周邊緊鄰著竹林景色，令人有感身處林蔭之中、浸潤在紓壓的自然氣息中，透過竹林、水景、天光等條件結合，令人脫去城市的喧囂，回歸沈靜心靈。

1 紮實穩健的石材底台。以雅柏白大理石鋪陳背景，電視牆底台則採用深色的深松柏大理石建構而成，以粗磨加工後平而不滑的啞光特質，形構穩健的象徵，與木質層板共構水平軸線。2 石與鏡的異材趣味。一樓廳區的立面、地坪使用雅柏白大理石做延伸鋪陳，將自然質樸感移植入室，勾勒簡約人文的居家背景，並安置圓鏡映照視覺趣味、結合藝品擺設，使之具有端景聚焦效果。

HOME DATA

坪數 189坪／**使用石材** 雅柏白大理石、深松柏大理石、安格拉珍珠大理石、觀音石石皮、和平白大理石、原石／**其他素材** 木作、鐵件

3 地坪差異定義場域轉換。地下室以安格拉珍珠淺灰大理石鋪陳地坪，以帶有石英花紋的亮面肌理，對應頂上的深色天花，衍生映照效果，架高木地板則界定泡茶區範圍，營造空間的調和及轉換。4 石皮、綠意共構山林意象。以觀音石石皮造景，並與綠竹共構舒雅的風景，上方規劃挑高天景連結樓層，讓陽光可滲透屋內，讓人在品茗同時，亦猶如身處山林之中。5 臥榻區轉換輕盈氛圍。從泡茶區步入臥榻區域，不著痕跡地轉換地坪建材，從安格拉珍珠大理石切換至和平白大理石，在亮面與啞光的交替之間，暗喻著不同的空間層次。

6 律動線條放大空間尺度。規劃大型臥榻，可放鬆的或躺或坐，以和平白大理石串聯地面，天花板則賦予木質線性勾勒純粹語彙，結合重點照明燈光，讓空間產生對話及律動。7 對稱框景塑型視覺焦點。度過臥榻區來到SPA區，以和平白大理石建構壁與地，穿插金屬、鏡面、光線等陪襯，形成左右對稱的端正框景，最終將視覺聚焦於大塊原石製作的SPA台。

8 大塊原石乘載自然想像。擺設粗獷的
大塊原石床、引申自然意象，周邊則緊
鄰竹林景致，搭配水景與天光，讓人坐
享舒適的心靈洗滌，有如進入朵室之
前的空間儀式。9 局部妝點石材調和溫
度。二樓主臥櫃體亦可見黑底白紋的深
松柏大理石，以大面積木皮延續為主，
深色石材妝點為輔，調和深淺與冷暖，
締造最舒適的空間溫度。

石材黑白配
低彩度的簡練現代宅

撰文 **黃婉貞**　空間設計暨圖片提供 **新澄設計**

黑白為主色調的現代時尚住家，利用天然石材紋理豐富視覺、減輕人工雕琢痕跡。

長型基地住家擁有兩端皆開窗的優點，令相對應的四角端點──三間臥室連同廚房都能充分享受自然天光，不過年久失修導致的漏水壁癌、開門便一覽無遺等問題仍讓屋主頭痛不已，透過媒體介紹、進一步深入討論了解後，交給新澄設計黃重蔚總監進行舊屋改造工作。

前期談圖時，屋主欣賞工作室的現代簡練風格，也希望能加入自己偏愛的石材元素，黃總監融合兩者，選擇卡拉拉白大理石搭配黑色松柏石作主建材，輔以橡木染色、白漆、磁磚等配角，降低空間彩度，省略多餘裝飾，巧妙利用黑白色彩強烈對比與大理石自然紋路，轉化為住家獨一無二的專屬個性語彙；深淺色在視覺上產生的一進一退，也形成無對外窗公領域的層次感，減輕視覺封閉壓迫。

正式動工後，先整治好基礎工程打底、做好防水；緊接著重新規劃客餐廳格局，調轉原本的沙發、電視牆，拉直沙發背牆，鋪貼卡拉拉白大理石從客廳延伸至餐廳背牆，拉闊廳區視野、達到放大效果！而移動後的半腰電視牆長2米7、寬140cm，是公共區域最重要的機能量體，兼具入口屏風、穿鞋椅等複合機能，選用類似沙發背牆的石材面系統板作底減輕載重、統一視覺，黑色仿古松柏石收邊、勾勒大器輪廓，靈活運用真假石材交互呼應、相輔相成，達到節省預算、工期與視覺上三重最佳效果！

1 黑白石材演繹簡練時尚。全室以卡拉拉大理石與松柏石鋪陳主牆面，再輔以橡木染色的深色木皮，白漆延續色彩調性，完整了低彩度住家的時尚簡練表情。

2 多機能石材端景櫃導出入口雙動線。長型、方正格局利用玄關量體隔屏作出空間層次，引導出可直接進入客廳或餐廳的靈活雙動線。雙面皆可使用的複合機能半腰櫃以黑白石材鋪貼表面，客廳側充當電視櫃、玄關側則是入口端景兼穿鞋椅功能。

HOME DATA

坪數 29坪／**使用石材** 卡拉拉白大理石、松柏石／**其他素材** 磁磚、實木皮、油漆、系統板、皮革、繃布

3 鑲嵌鍍鈦壓條凸顯石材主牆景深。客廳背牆刻意採用不對花的長條石材拼貼，天花與側壁更鑲嵌鍍鈦壓條、做出溝縫線條凸顯立體景深。沙發右手邊牆面懸掛套畫作裝置藝術，放置桌椅、茶几，打造閱讀、待客的機能區域。4 深、淺仿岩磚地坪區隔空間機能。玄關地坪鋪陳耐髒的黑色仿岩磁磚、作出與室內空間的區隔，同時利用深色一直線平衡相鄰收納櫃體的凹凸感、降低走道壓迫。5 卡拉拉白連接客、餐廳背牆，放大空間感。卡拉拉白大理石從客廳延伸餐廳背牆，同一材質的連續使用，成功達到拉闊空間、放大視覺效果。

6 銀狐大理石餐桌延伸黑白時尚。餐廳特別選用同色系的銀狐大理石餐桌，呼應卡拉拉白大理石牆面，搭配橡木染色的深色櫃體，統一整體空間黑白調性。7 壁面材質轉換區隔主臥、書房。主臥一側特別規劃可供在家辦公、閱讀的私人書房區，利用木作鋪貼天花與壁面、內嵌燈光與固定上吊櫃；兩者間沒有實體隔間，僅透過石材、木質的材質轉換暗喻空間機能過渡。8 石材 v.s. 皮革的不對稱床頭設計。主臥延續公共空間的現代風格，再摻入一點點寢區特有的靜謐放鬆氛圍，特別將卡拉拉白大理石搭配黑色皮革，黑白、軟硬的不對稱切割，打造獨一無二的時尚床頭背牆。9 仿石材磚打造自然洗漱場域。衛浴空間運用大量具有粗獷視感的灰色仿岩磚，延續全室的無色彩風格，打造自然放鬆的沐浴洗漱空間。

石紋吟唱自然
與建築的共鳴

撰文 **蘇湘芸**　空間設計暨圖片提供 **大雄設計**

砌石與戶外涵構對話，融自然與建築為一體，妙於巧妙而渾成。

1 石紋浮動如自然共生。設計主軸圍繞著周遭自然，藉由開放式格局，引用不同色澤肌理的七種石材對比，在光滑與粗糙、溫暖與冷冽間，呼應自然光線的清新靈動，歌頌生活美好時光的吟遊詩人形象。2 天然石材醞釀的清新。除了功能與結構性的運用，還有建築語彙的手法轉化，每個環節完美共處，使設計溫暖真實而經得起生活考驗的質樸美好。

HOME DATA

坪數 36坪／**使用石材** 黑白根大理石、卡拉拉白大理石、石皮／**其他素材** 鏡面、不鏽鋼、鐵件、木皮、皮革、超耐磨地板、礦物塗料

設計是對生活想像的實踐，在這名為「tonework 石砌」故事訴説著，大雄設計林政緯以其獨特美學，根據棲山畔湖的環境主軸，重塑訂製所需，混搭七種不同礦質紋彩的石材，配合光線遞進，時而俊逸雅致的潑灑如墨，時而雄渾壯闊的奔騰策馬，成為藝術涵養的具體展演，在陽光、樹影的四季相移下，透露隱藏在石材堅硬下的溫柔表情，晨曦溶溶，霞光徐徐，將建築與景色自然融為一體，陪伴主人與家的對話。

　　展開重組之際，無處不是美好細節。不同於電視牆的呆板印象，重以拼接石材的緩坡設計，透過鏡面擴張尺度，且在折面變化的造型間，突破柱體樑根的窒礙難行，呼應線條與燈光的映襯蒼鬱綠影，趣味就在之間遊走。

　　順著石紋一路延伸至私領域，窗外碧景自然相隨，不同鐘響見不同深淺的暮色如輕吟的安眠曲，增添臥房的舒適寧靜。更衣與盥洗空間經過計畫性的整合在同一軸線上取得端景和諧，並配置在主臥室之後，提升使用上的隱私性。忙碌了一天最渴望的沐浴時刻，因為仿石大磚設計，沈澱了喧囂聲，化為涓滴清涼，而置身其中的細膩匠法，猶如置身在野月星紋間，感受著摩登內斂的生活品味。

3 復歸於樸的自然樣貌。在完善動線及機能的規劃後，運用7種石材建構空間設計，透過不同的砌石方式，將其肌理紋路的特質發揮極致，不僅促使室內外得以親密對話，更建構場域富有溫度的血肉。4 用自然力量為居家平衡。地坪石紋鋪面一路延伸至私領域，隨著折線擴散暈染不同深淺的綠景，為臥房與更衣間的端景和諧相依。借用自然材質的特性，更達到機能與美感的完美平衡。5 巧思讓石材變得溫柔。壁爐大石牆在36坪的空間中反而塑造出空間尺度，石牆與鏡面的曲直變化，在視線自由穿透之間，映襯了蒼鬱綠景，釋放大自然的奔馳玩心。

6 細節處延續光影的流動。石頭與環境的對話，在光影映照下，饒富想像的自然美感。即便在轉折角落的陸續展開，人在建築一邊話家常，建築在時間之流中搖曳的生活力量。

7 光影躲在不同石壁間。提取圍繞四周的森林景致為靈感，佐以低調的色彩，投入大塊石頭呼應，詮釋建築尺度上大牆大柱的美。不同石壁轉角處，躲藏著不同深淺大小的光影，彷彿是一場自然的躲貓咪遊戲般的趣味。8 內心深處的舒適臥房。落地窗暗藏巧思，引進更多的陽光照明外，構築整體畫面的靜謐妝容，搭配廊道前的斜度設計，創造日夜不同的斑駁樹影。9 石砌牆面的穩重堅固。構築設計的路上，從建築、自然、人以及使用需求等多方思考，找到答案並譜寫其間，將每個人最重視的隱私空間收在尾端，前以石砌拼牆的耐重堅固，解答彼此緊密相連一起的關係，這也是內心深處最安穩的家的呈現。10 以磚代石思考城居生態。利用乾淨明亮的石紋，宛如托盤般乘載著生活，生活則在自然間繪出，名為石砌，又飽含人生哲理的點睛之筆。

緞光石面
映照細緻空間表情

撰文 **鄭雅分**　空間設計暨圖片提供 **鼎睿設計**

玄關壁面陶板搭配石材的紋路光澤，鋪陳空間的藝術氣息。

每一位業主的性格特質是設計師戴鼎睿規劃該空間的重要線索，這被命名為Charlotte's Home更是如此。從事醫療工作的屋主本身喜歡石材，加上女主人細緻優雅的藝術性格都成為這個空間的精神。為了更契合於屋主特質，規劃上以藝術融入生活，及自由度更高的開放設計為主軸。為此，大量運用屋主喜愛的石材做大面積的鋪陳延伸，使整體視覺十分大器完整，另一方面則借用光線來做出示意隔間，讓室內每一畫面都是端景，落實空間藝術性與優雅美感。為了讓玄關與室內有所界定，在地板上採用復古面咖啡絨石材與室內的安哥拉珍珠大理石做出區隔，而玄關壁面則鋪以100×300公分的陶板，搭配壁燈、木長椅展現如畫般的寧靜氛圍。至於玄關端景則採用彫刻白大理石設計一俐落檯面，成為入口聚焦亮點，同時可與左側書房石桌面形成對話與呼應。

室內公共區幾乎全以安哥拉珍珠大理石鋪陳地板，緞光石面的駝灰色調搭配溫潤的原木讓整體氛圍更暖心。而不規則鑿面的天然石板電視主牆則像是打破寧靜般地為整體空間帶來更多活力。

1 藉石材轉換定義空間。玄關以復古面的咖啡絨石材地板與室內做分區,格柵天花板錯落的燈光,讓空間更具律動感。端景選擇雕刻白大理石的檯面設計,呈現出潔靜美。2 凹凸有致的洗牆效果。在融合駝色與咖啡色調的空間中,鑿面處理的白色天然石電視牆更突顯出視覺的反差效果,此外直接照明的燈光則明顯點出石材鑿面的立體感。3 收束線條展現石材純粹美。開放書房從天花板上拉出一線光牆作區隔,無瑕的石材平面映出光的線條,詮釋純粹美感。

HOME DATA

坪數 90坪／**使用石材** 咖啡絨復古面石材、安哥拉珍珠大理石、雕刻白大理石、鑿面天然石板／**其他素材** 陶板、鋼刷木皮、卡拉拉白石磚、木地板

4 石紋變化襯托現代感。石材是現代空間的最佳質感代言人，安哥拉珍珠大理石地板以其天然的溫潤色澤，與廚具的實木邊檯做出完美串聯，使畫面完全契合。5 異材質紋理互搭。設計師意圖運用建材本身的質感與紋路訴說空間的故事。透過地面石材平緩流洩的紋路、咖啡色澤的鋼刷木皮及木駝色的餐桌椅等，營造出和諧、溫暖的空間感。6 木石對話的低調人文感。由客廳延伸入餐廳的安哥拉珍珠大理石地板，傳達出屋主兼容並蓄的內斂性格，低調而優雅，與之對話的鋼刷木皮櫃體與L型木框架沙發則展現溫靜的人文感。

7 木質和色彩平衡空間溫度。主臥改以木地板
增加空間溫度,選用紅酒色床頭板與窗簾醞釀
出微醺氛圍。8 珍珠石框塑窗景。主臥床尾處
原僅有單純大面窗景,但在設計師的巧思下,
先保留開窗處,再利用建築外牆處規劃三座櫃
體以增加收納,最後以安哥拉珍珠石材包覆櫃
體與窗檯,讓屋主多一處觀景與裝飾檯面。

9 線條與材質創作精品衛浴。浴室的地壁面運用圖紋擬真的卡拉白石磚做鋪面，營造出與天地合一的自然沐浴環境。線條柔美的獨立浴缸宛如藝術品般安坐在空間中，讓主人體驗時尚與自然的生活品味。10 以磚代石仍顯石材魅力。主臥浴室原設計希望做石材鋪面，但在與業主挑選建材的過程中發現這片卡拉白石磚擁有石材律動紋路，且每片紋路不同、相當自然，重點是用於浴室更便於清理照顧，因此改以磚代替石材設計。

簡化分割
保留石材原始美感

撰文 許嘉芬　空間設計暨圖片提供 水相設計

簡單線條分割萊姆石牆，與義大利進口磁磚地面展現L形橫向張力。

綠意圍繞的獨棟住宅，以現代主義的建築精神「自由平面」與「流動空間」為主軸，透過簡單的立面與精緻材質，建構出與環境相融且能呈現光影層次的純粹美感。從一樓庭院起始，矗立在水池後的雪白蒙卡花崗石，擁有一般花崗石少見的石材紋理，又比大理石來得好保養，更適合使用在戶外空間，簡化多餘的分割，展現完整大器的樣貌。

　　轉至室內場域，回字開口的挑空設計，帶來空間與光影的流動性，並以卡拉白大理石牆連結一、二樓關係，特意挑選的斜紋紋理，加上五等份的分割處理，石材間留2×2公分溝縫作黑色噴漆，讓每一片石材更為立體，宛如四幅長形畫作般。另一側的電視主牆，為了與地面有所跳脫，選用紋理更為乾淨純粹的萊姆石，在最大尺度的分割鋪貼之下，轉折延伸至後方SPA區域內，因而突顯立面的橫向張力。除此之外，原始建築二樓存留的五個柱體，在鄰近白牆的二個柱體，以不鏽鋼與卡拉白大理石包覆處理，將看似突兀的量體，轉化為如裝置藝術般的立面。

1 貫串空間的主題石牆。貫穿一、二樓的牆面以卡拉白大理石鋪陳，獨特的斜紋紋理加上分割溝縫處理，好似潑墨畫作。

HOME DATA

坪數 室內156坪、戶外107坪／**使用石材** 花崗石、砂岩、卡拉白大理石、馬鞍石、萊姆石／**其他素材** 鏡面不鏽鋼、義大利進口磚、玻璃

2 巧用石材背面的自然感。廚房立面特意用卡拉拉白大理石背面作正向貼覆，霧面質感與鄰近的植生牆更為協調。3 化結構柱為裝飾。原始建築存在的柱體，藉由不鏽鋼、卡拉拉白大理石的貼覆，與後方白牆產生視覺錯落，亦有如刻意設計的裝飾量體。4 低調細緻手法運用石材。廚房另一側牆面看似如水泥粉光的牆面，其實是帶灰的凡爾賽米黃石材，呈現精緻的原始質地。

5 石牆倒映臥房窗景。庭院立面一方面是為了遮擋後方主臥室的私密性，在氣候的考量下，採用雪白蒙卡花崗石，然而紋理卻能有如大理石材。
6 石檯面連貫有各具功能。一樓SPA以馬鞍石為檯面延伸至內成為蒸氣室座椅平檯，灰色調創造自然放鬆的氛圍。7 天然砂岩如地層敘事。B1車庫對應黑色地面的關係，挑選淺色調壁面，選用規格化的天然砂岩鋪陳，紋理相較磁磚更有變化性。

以雕刻白鋪陳
魔幻古典現代居家

撰文 **蔡銘江**　空間設計暨圖片提供 **雲邑空間設計**

雕刻白大理石延展公共區地坪，天然石紋拼接出無縫之美。

1 線條切割空間張力。為了讓白色的天與壁能夠更為出色，電視牆運用雕刻白大理石，再配上獨特的切割工法，讓電視牆散發有如撕裂開的視覺張力。2 加入戲劇性的古典柱。設計師將空間內的柱子灌入石膏，讓每支柱子呈現圓胖的古典弧度曲線，一來軟化了單色的黑白空間，二來增添空間的俏皮趣味感。

HOME DATA

坪數 150坪／**使用石材** 大理石、花崗石／**其他素材** 鐵件，玻璃、馬賽克磚

位於半山腰的童話社區，有著極好的空氣與雲霧飄渺的浪漫氛圍，屋主喜歡前衛現代，因此希望這個家能在前衛當中帶一點時尚感。150坪的別墅，一樓挑高達6公尺，最後決定配合整體社區的童話感，打造出一個黑色童話的居家氛圍。為了創造極具現代性的多層次與豐富性空間，整體以白色為主體，點綴對比強烈的黑色。

走進客廳，為了呈現豪華大氣感，設計師用整顆自然花紋的雕刻白大理石鋪滿整個地面，所有的傢具皆以黑白搭配，展現出整體餐廳和客廳空間層次。客廳有6公尺的高度，為了給予客廳更為大氣的氛圍，電視牆搭配特殊工法，把雕刻白從地面延伸至牆面，提高地與壁的整體性，牆角的撕裂狀，也增加了電視牆的視覺感。

宴客用餐區，最強烈的視覺就是全黑的餐椅與吊燈，與紋路活潑生動的雕刻白大理石地面互相輝映。此外，設計師將空間內的柱子，特以灌入石膏讓整個柱子呈現圓弧狀，增添空間內溫度。在走廊與往二樓的空間中，設計師巧妙的運用了黑白混合的馬賽克磚，讓人行走其間有時空轉換之感。

黑色扶手引導動線。往二樓的廊道上，以黑色為主體的馬賽克磚為主角，配合螺旋狀樓梯的黑色扶手，變換了以白為主題的空間，賦予通往奇幻城堡想像空間。4 在黑白中劃出紅色弧線。走到底是較為簡易的用餐區，也是屋主平時與家人一起用餐的地方，搭配簡約且具有紅色線條的餐椅，變為整體空間中另一個小小的配角。5 造型立燈增添神秘。樓梯處的天使立燈，高度超過一個人的身高，低調的顏色完全與樓梯的雕刻白相襯，也增添此區的神秘與故事性。

6 光影灑落挑高空間。擁有六米高的樓中樓客廳區域，從牆面、天花板及二樓廊道外的牆面，精心的使用不規則矩形切割，立體的線條搭配隱藏式光影，增加許多空間表情。

7 燈飾散發詼諧趣味。軟件搭配也呼應空間主題，廊道中的燈飾，也以俏皮的黑色造型設計，可愛的彎曲狀呈現廊道的童話趣味。8 行走於潑墨畫意間。以雕刻白打造而成的螺旋式樓梯，從高點到低點，打上燈後，完全展現出雕刻白的細緻花紋，好似一幅高雅的水墨畫一般。9 層疊向上的延伸感為了搭配整體空間的白，以及雕刻白的大器，設計師在挑高6米的天花板上做了線條切割，做層次堆疊，透過燈光展現出立體光影。10 私人區散發英倫紳士風。在經過螺旋狀樓梯後上了2樓，來到了完全不同於公共空間的英式風，強調屋主兒子的喜好，以深色系打造出優雅的倫敦紳士氛圍。

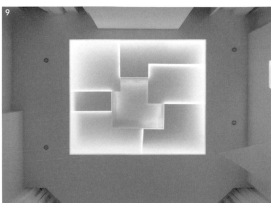

林蔭山間的
原石岩屋

撰文 **鄭雅分**　空間設計暨圖片提供 **沈志忠聯合設計｜建構線設計**

帶狀黑色板岩鋪成的地板，劃出從外入內的動線。

HOME DATA

坪數 70坪／**使用石材** 天然板岩石材、銀狐石／**其他素材** 特製鏽鐵、鐵件噴漆、木紋板模灌漿、戶外鐵木木地板、新渥克灰磚、印度秋板岩磚、梧桐木皮、橡木實木拼接紋、柚木實木皮、柚木實地板、清玻璃、明鏡

　　一個空間透過機能規劃只能讓生活更舒適，而藉由質感設計卻可讓空間有活著的感覺。設計總監沈志忠有感而發：「現代生活過於忙碌，因此，人的美感容易鈍化，所以，我們嘗試從建材中去找出材料的本質與最初的感動，希望透過空間傳達的質感來喚醒自己活著的感覺。」

　　這棟位於郊山上的度假別墅，不僅周圍有層層疊嶂的保育林，並且需要穿梭於觀音山石的階梯小徑才能進入室內。如此難得的自然環境，讓設計師更認真思考要以怎樣的室內設計來與之對應呢？答案正是更開放、無界線的「In&Out」格局，以及更粗獷的空間肌理，透過更具有生命力與自然色彩的設計來實現屋主的理想生活。「In&Out」的設計主題說明何以室內會出現大量石材、仿岩磚，以及原木、鏽鐵等原始材質，同時在石材與其它建材的選配上則明顯強調觸感與紋理質地，希望可以鋪陳出更為自然的空間面體。而另一方面，在不同材質的牆面、地板面與櫃體面上則以水平與垂直的畫面整合切割，安排出各區域空間的界線與連結的互動設計。

1 石與混凝土的對話。特殊木紋板模灌漿工法設計的電視牆，不修邊幅地將木板模上的紋路原味呈現，搭配直接嵌入的壁爐與書櫃，營造出厚重硬實的美感，並與其對向的板岩石牆形成直接對話與呼應。2 板岩帶拼貼動線。瞭解業主對於陽明山的林蔭野趣情有獨鍾，因此特別將別墅外的觀音山石階小徑的質感延續至室內，以玄關地板的天然板岩石材做內外銜接，並串聯延伸至室內各區域。

3 石材襯托鏽鐵和漂流木。矗立於空間主軸位置的鏽鐵電視櫃，是設計師親自手工澆製的鏽鐵面，同樣深具藝術感的漂流木茶几也是設計師慧心雕琢，意圖以材質原始本質來觸動居住者的美感知覺。4 歲月累積自然板岩牆。藉由天然板岩每片皆不同的自然劈面紋路拼出極具崢嶸美感的主牆，搭配藝術漂流木桌與類板岩的新沃克灰磚地板，讓這山林中的歲月更具有原味美感。

5 刻意為之的粗獷感。為了喚醒煩囂生活中已逐漸被鈍化的美學感知，設計師除了以天然板岩鋪貼牆面與地板，並在其它搭配材質上選擇以不同的粗糙面來呈現畫面與筆觸。6+7 板岩與梧桐木分庭抗禮。在通透感十足的空間中，板岩與梧桐木皮幾乎成對比的等量存在，使畫面上形成穩定的平衡，而在餐廳中設計師特別安排大尺寸的原木餐桌來搭配銀狐石中島檯面，讓空間展現精緻優雅的另一層面。

8+9 梧桐木門區隔公私區。餐廳與私密空間以梧桐木旋轉推門作區隔，提供使用者更靈活的隔間介面，至於在視覺上木皮則展現暖化石材冷硬感的效果，在不脫離自然美感的範疇中，營造出溫暖的空間畫面。

10 灰白用色呈現優雅情調。客用浴室內沿用灰色調的仿石材磁磚作全面鋪陳，呈現出簡約而理性的潔淨感，另外搭配溫潤木作浴櫃與銀狐石的雪白檯面，為整體氛圍增添幾許優雅與生活美感。11 乾濕風貌不同的衛浴。主臥浴室內採用具曠野質感的印度秋仿板岩石磚，除了原始的紋路與肌理傳達出大地的厚實感外，此款石磚遇水變色的特質也為生活帶來些逸趣。

巧用石材與品牌符號化
設計大宅

撰文 **楊宜倩** 空間設計暨圖片提供 **力口建築**

三種石材交匯的玄關，圓弧造型天花板有如歐洲拱廊。

事業有成的屋主夫妻長年旅居大陸，小兒子在國外念書，這間房子是一家計劃三年後一起住的新生活空間，屋主希望將喜愛品牌的元素，注入居家設計中，同時空間要展現大器且細緻的調性，還能將自己收藏的諸多藝術品、畫作展示出來。

回應這樣的期待，設計師在偌大的公共空間裡，置入一個有如橘色方盒的設計，將需要隱私和獨立的區域整合於內，拉大公共空間的尺度，地坪全部鋪以細紋的雕刻白大理石，從玄關一直到客廳電視牆，則以雪白玉延伸，雙石在光影下輝映，營造空間細部表情。而玄關的鉑金橘色烤漆鐵牆，與地坪石材拼嵌，都用屋主喜愛品牌的H作為圖騰，同時賦予不同段落牆面掛畫、透氣的功能。

鉑金橘牆延伸至室內，內凹處為設計師精心設計的佛堂，選用深色秋香木皮營造沉靜和諧氣氛，後方則是連結廚房的餐廳，餐桌位置上方的圓形燈具，呼應未來的圓形餐桌，一旁更以鐵件搭配木作設計了書櫃，未來擺上單椅，就是一個安適閱讀的角落。

石材不僅運用於公共空間，三間衛浴也各自運用了系列性石材，夫妻使用的主臥衛浴走淨白療癒路線，兩個兒子共用的衛浴則是沉穩酷派風，但都選用了有藍色貝殼的烏克蘭鑽作為檯面石材，而隱藏於玄關牆面內的客廁，也選用了含有粉色貝殼的雪貝化石，藉由天然石材與細緻設計元素，透過配色與材質混搭，創造出三種風格。

1 公共空間雙石輝映。雪白玉從玄關牆面延伸至客廳電視牆，與地面的雕刻白細花相得益彰。玄關令人印象深刻的鉑金橘色，也應用在客廳天花板勾邊，四個角落的線條加粗，細節環環相扣。

2 雕刻白細花石材豐富空間表情。寬敞的開放空間，雕刻白細花石地板的天然紋路豐富了細節，一旁是大面開窗的良好採光來源，另一側是精心設計有如橘色方盒，容納了客浴、佛堂及廚房三區域。3 燈光設計營造用餐好情緒。客廳後方設定為餐廳，天花板造型設計內凹圓形，裝設內貼銀箔的圓形燈具，當燈光點亮，透過銀箔漫射出溫柔舒適的空間氛圍。

HOME DATA

坪數 70坪／**使用石材** 烏克蘭鑽、雪貝化石、雪白玉、雕刻白、細花黑網石、銀狐大理石／**其他素材** 黑鐵雷射切割鉑金橘色烤漆、秋香木皮、小平條強化玻璃、玻璃馬賽克、鍍鋅鐵板、檜木染灰鋼刷木皮

5 以石材和圖騰展現大器。玄關地坪以細花雕刻白大理石鑲嵌黑網石，搭配黑鐵烤橘色漆雷射切割主題牆，都運用到屋主喜愛的品牌LOGO設計圖騰，牆面的H形鏤空能掛畫，是造型也實用。6 優雅的淺色系主衛浴。主臥衛浴採取淡雅淺色系，雙面盆檯面採用烏克蘭鑽石，搭配結晶鋼烤浴櫃，鏡框選用貝殼石 。淋浴間地板的銀狐石做豆腐塊處理，搭配檜木天花板，淋浴時也能享受芳香氣味。7 深沉陽剛的酷派衛浴。和淺色主臥衛浴截然不同的調性，兩個兒子共用的衛浴，地坪與壁面選用和闐石磁磚，搭配烏克蘭鑽檯面和黑色結晶鋼烤浴櫃，以及不鏽鋼毛絲面鏡框，一整個走前衛酷派路線。 8 同色系材質展現細部。帶點馬賽克味道的和闐石磁磚，衛接檯面石材與黑色浴櫃，下方靠近浴缸的櫃格設計成開放式，方便放置、拿取毛巾。9 貝殼與玻璃馬賽克閃耀。鏡中反映出來的牆面，選用了白色結晶、含有粉色貝殼的雪貝化石，牆面的玻璃馬賽克也將H圖騰融入其中。

深淺大理石
營造古典豪宅

撰文 Vera　空間設計暨圖片提供 IS國際空間設計

客廳以壁爐為中心，金鑲玉大理石做主牆，選用黑金峰大理石鑲邊及做出對襯羅馬柱，展現古典貴氣。

身為企業家第二代，屋主對於居家品味相當要求，連續兩間房子都是交由IS國際空間設計規劃，買下南部第三間別墅，還是請IS國際空間設計南下操刀。由於屋主已經接管家族事業，因為工作需求，常有來自世界各地的客戶來家中作客，對於風格的要求不只是美感的呈現，更重要是如何展現出居住者的品味及社經地位。

設計師將一樓規劃為公共空間包含客廳、餐廳及廚房；二樓及三樓則為家人專用的私密空間，三樓則為主臥專用。在風格上則以經典古典做為空間風格主軸，但希望所呈現的古典是優雅的，如何在過分誇飾，並展現出古典貴氣，決定以大理石做為主要材質。

將多種色彩及紋路都不同的大理石融入空間又不會產生衝突是需要功力，擅用大理石的IS國際空間設計以層次及聚焦為設計概念，大面積的地板選擇較淺的新米黃大理石，踢腳板則用較深色的舊米黃大理石，讓空間更具層次；羅馬柱、壁爐等則用較深色的黑金峰大理石跳色並突顯風格語彙，而紋路較特別的雪白銀狐大理石、富貴紅大理石、金鑲玉大理石等則做為主牆等，充分展現豪宅的尊貴。

1 大理石讓餐廳變身五星級飯店。餐廳主要為宴客需求，連結展示型的開放式廚房，由於並不是主要烹調區，為讓空間更具質感，設計師特別選擇雪白銀狐大理石做為壁面材，踢腳板則選擇用較深色的舊米黃大理石讓空間更具層次。2 新米黃大理石帶出低調奢華。餐廳是以水晶燈為主視覺重心，窗簾也以古典風格常用的蓋頭做為裝飾，為帶出低調的奢華感，設計師選擇較為低調的新米黃大理石做為地板材質。

HOME DATA

坪數 170坪／**使用石材** 雪白銀狐大理石、奧羅拉大理石、櫻桃紅大理石、富貴紅大理石、淺金峰大理石、黑金峰大理石、新舊米黃大理石、米黃螺大理石、金鑲玉大理石／**其他素材** 白栓木、橡木染灰海島型木地板、茶鏡、銀絲玻璃、強化透明玻璃、壁布

3 深淺大理石構築星級浴室。擁有大面採光的浴室，有著五星級飯店的浴室配備，選擇大理石做為浴室主要材質，設計師除了以較深色的舊米黃大理石做為地板材質，還選擇奧羅拉大理石、淺金峰大理石、米黃螺大理石做為檯面及壁面、地板的拼貼及裝飾。4 大理石包覆電梯更顯貴氣。除了室內空間，由室外入內的細節處理，也是設計師所重視的。電梯的梯間也是選用新米黃大理石做包覆，傳達豪宅裡外一致的大器調性。

5 黑金峰大理石羅馬柱。為了讓來客一進門就感受到空間的氣勢，設計師特別大門玄關處設計了挑高對襯的羅馬柱，並特別挑選黑金峰大理石來展現貴氣。6 大理石主牆形成視覺焦點。透天別墅樓梯除了用來串連樓層，也是重要的展示空間。設計師選擇用紅色系的富貴紅大理石做為主牆，以線板為框並用造型壁燈做裝飾，讓大理石也成為藝術品。

Part 2
石材形式面面觀

認識天然石材

天然石材是人類很早開始使用的建築材料之一，渾然天成的紋路及瑰麗色彩變化，向來為人喜愛，諸如埃及金字塔、希臘神殿、羅馬教堂、中國長城等等，都以石材做為主要構材。即使今日建築多以鋼骨及鋼筋混泥土為主要結構，石材仍是廣受歡迎的建築外觀、室內空間裝飾材料。

石材的種類雖多，但並非所有石材都能用於建築與裝潢設計，一般要符合下列四項特性：
一、顏色、花紋須美觀一致，其內部應不含熱膨脹係數大的成分，以避免石材內部應力集中，不宜有導熱及導電率過高之成分潛藏其中，造成危險。此外，一些有害石材表面強度的物質如硫化鐵、氧化鐵、炭質等成分，也不宜過多。

二、硬度、強度適中，有利加工成型，耐風化度也會較好。

三、產量豐富，能夠穩定持續供應。

四、解理及裂縫少，加工後成材率高且可供大塊採取者。

　　目前台灣83%的原石依賴進口，其中大理石約佔27%，花崗石則幾乎仰賴進口。原石內部礦物構造，會因生成過程的地表運動不同，而產生極大差異，因此石材表面或是內部出現瑕疵，在所難免。要了解如何使用及設計石材，首先要了解石材的物理及化學物性，才能做好正確的應用及設計。

　　一般而言，岩石依其生成方式，可分為火成岩、沉積岩及變質岩三大類，建築石材依「生成方式」分類，主要概分為火成岩類的花崗岩、玄武岩、安山岩，沉積岩類的石灰岩、白雲岩、砂岩，變質岩類的大理石、蛇紋石等。

　　然而，目前建築石材多分為花崗石、大理石及砂岩、板岩等，分類並不同於地質上的定義，商業上有另一套分類法則，幾乎將所有的火成岩如玄武岩、輝綠岩、閃長岩等稱為花崗石，由火成岩變質的變質岩亦稱為花崗石（如蒙地卡羅）；而商品名則依產地或花色特徵來命名，像是「夏目漱石」、「夏卡爾」等商用石材名稱，從字面上很難判斷是何種石材，在本書「Part 3 空間設計常用石材及運用」會做進一步說明。

岩石分類說明表

岩石分類＼特徵	火成岩	沉積岩	變質岩
岩石構造	缺少層理，成塊狀不規則火成岩體。一次次的熔岩流也可造成層狀構造，當熔岩流流動時，已結晶出的礦物平行排列成流紋構造	多具層理及含交錯層波痕、底痕、泥裂痕等沉積構造	原岩為沉積岩，經低度變質作用，尚可殘留有層理；經高度變質作用，層理受破壞，由礦物平行排列而有葉理、摺皺等構造
岩石組織	礦物組成以角閃石、輝石、雲母等深色鐵鎂礦物及長石、石英等非鐵鎂礦物為主	構成主體的顆粒藉由膠結物填充其孔隙，常含有完整的化石	長形或片狀，礦物顆粒平行排列
岩石組織	礦物結晶顆粒彼此緊密鑲嵌		
常見石材種類	印度紅、南非黑、藍珍珠、菊花崗等	砂岩、木紋石、新米黃、金鋒石等	和平白、蒙地卡羅、板岩、蛇紋岩

石材用於空間裝飾的特性

石材裝飾特性的優劣，主要取決於石材的顏色、表面紋路、光澤等，不應有影響美觀的氧化污染、色斑、色線等雜質存在。裝飾特性良好的石材，會給人一種和諧、典雅、高貴、豪華等美的視覺享受，挑選時的考量有以下幾點：

一、表面紋路

石材表面紋路、花紋的形成，與岩石結構、帶色礦物或化石的分布情形有關，也就是石材在形成時，內部含有其他成分的岩質，在不同的岩質並存下所呈現的紋路。一般大理石類石材的紋路質感，較花崗石類的石材複雜且富變化性，主要原因在於大理石類的石材常含化石等岩質，經變質作用而形成摺皺、芝麻點等變質構造的岩石，形成別致瑰麗的裝飾花紋大理石。而粗粒結構的彩色花崗石，經研磨加工並拋光後，表面影能呈現出光彩；具條痕狀、斑狀、虎皮外觀、眼球形等構造的花崗石，經拋光後形成各式的花紋，也極富美感。

二、光澤

光澤即石材拋光面對可見光的反射能力，是決定石材品質的另一個重要指標。石材的光澤取決於組成之礦物所呈現的光澤，光澤度除與礦物組成及岩石的結構有關之外，也和加工後石材鏡面的平整度、組成鏡面顆粒的細度及加工時表面上發生的物理化學反應有著密切關係。因此，石材光澤度不單與礦物組成及岩石的結構有關，更與加工方法、加工技術有著緊密的關聯。

三、色澤

石材的色澤是指岩石中各種礦物對不同波長的可見光，選擇性的吸收和反射，而以各種絢麗的色彩呈現出來。石材色澤的形成主要為內部組成礦物的種類及所佔有的含量比例，綜合呈現在石材表面上的結果。

石材色澤主要分為「淺色」與「深色」兩類，淺色礦物有石英、長石、似長石等；深色礦物通常含有鐵、鎂，如雲母、輝石、角閃石等。其中以長石的品種對花崗石石材顏色的影響最大，一般斜長石使石材呈現白色、灰色、灰白色；正長石使石材呈各種深淺不一鮮豔的紅色。石英多數為無色或白色，有時也帶白、黃、紫等色，對石材整體的顏色也有相當的影響。雲母含量較高的石材，其顏色會偏黑色或暗藍色。

大理石石材的色澤與所含礦物有關，如礦物的有色元素含量極低，石材則呈白色，含銅呈綠色或藍色，含鈷呈淺紅色，含鐵呈黃色，含錳呈現玫瑰紅色，含蛇紋石則呈現綠色或黃綠色，含石墨或有機質呈黑色或灰黑等。另外，木紋石則是由碳酸鈣再沉澱而成的一種岩石，沉澱週期內因為各種條件的變化，形成類似木紋的花紋。

石材的材質特性

天然石材的硬度不一，也因組成礦物比例不同，耐候度、抗腐蝕的程度也不同，以下從五項特性來說明。

一、耐磨性：石材抗磨損的能力

這是一種反映石材研磨拋光的難易程度指標。作為鋪面的石材，因長時間受使用者的摩擦，故需要高度的耐磨性，石材的耐磨性與石材的硬度成正比。一般而言，花崗岩類石材的耐磨性，較大理石類石材的耐磨性佳。

二、強度：石材抵抗外力作用的能力

石材的強度包括石材的抗壓、抗剪及抗拉強度，主要取決於石材的成因、石材結構構造、礦物成分、風化程度、含水率、微裂隙的發育程度及裂隙充填物的性質等因素，同時也與測試時的條件有關。在一般結構構造等條件相同情形下，石材的強度會隨著高硬度礦物含量增加及密度增加而提高，也會隨著礦物顆粒大小及形狀的變化而有所不同，但卻隨著石材孔隙率及吸水率的增大而降低。

三、吸水性：石材抗風化能力的指標

吸水性即石材吸收水分的性質，所含水分以吸水率表示。石材的吸水性取決於某些礦物本身的親水性，若石材中含有蛭石、蒙脫石等膨脹性相當高的礦物時，會導致石材孔隙率增大，吸水後對石材的品質影響非常大。另外，石材吸水率與其孔隙率的大小及特徵息息相關，一般孔隙率愈大、吸水率也愈大，但對封閉的孔隙率則不一定。石材的吸水率愈低，其抗風化的能力就強，反之則弱。

四、孔隙率：越小越不容易受污染

孔隙率深深影響著石材本身的吸水率及毛細現象，即對抵抗污染率的能力有著相當大的影響，孔隙率越小吸水率越小，受污染的現象就越少。

五、耐酸鹼性：決定石材使用的位置

花崗石類的石材耐酸鹼性良好，既耐腐蝕又耐磨蝕，因此越來越多的建築物的外裝飾及地面、樓梯等皆採用花崗石。反之大理石則不耐酸鹼腐蝕也不耐磨，只能作為室內裝飾材料。

石材加工與流程

石材一直給人價格昂貴的印象，這要從產地開始說起。我們日常接觸到的石材多來自世界各地，而每個石材礦區的地理環境也都大不相同，有的在丘陵，有的在河谷，更有的是在高山上，造成了石材在開採及運送上的困難度。再者，石材並非從礦區開採出來就能販售、使用，還需要挖到結構緊實、紋路美麗的原石。多數人都喜歡大尺寸、形狀方正、沒有裂縫、紋路又要接近完美的A級品，因此原石的成材率越低，原石價格也就越高。

台灣石材大多是進口，從石材產地運送開採出來的原石到貿易港口，再透過貨輪海運至台灣，再到俗稱大剖廠的一次加工廠，將石材切割成大板、填縫補膠、研磨拋光。而天然的原石內部常常有不可預測的狀況，加工失敗的例子，屢見不鮮。

剖好的大板，會送到各地的二次加工廠或是石材倉庫去。二次加工廠負責的工作，包含工地丈量、放樣，石材裁切及磨邊，石材搬運及吊料，石材安裝與美容等等。影響石材價格很大的一個因素是「取材率」，如果挑到的大板四周有缺角，就必須裁掉，一般取材率大約是80%，還是要依實際情形而定。至於加工好的成品是否漂亮，師傅的技術占絕大部分因素，功夫好的師傅加工費自然就比較高。這些零零總總加起來，都是石材的成本。石材的計價單位是「才」（30公分見方），最便宜的石材連工帶料約莫為NT.300～500元，中等石材約為NT.800～900元，若再高級的石材，價格也有可能達上萬元之譜。也因此品質優良的石材製品，是彰顯空間氣度的絕佳材料。

石材加工流程

Step 1
從石材礦區開採出原石

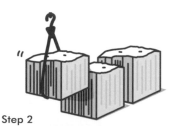

Step 2
原石集中到荒料存放區,等待加工

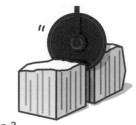

Step 3
原石送至俗稱大剖廠的「一次加工廠」,將原石切成「大板」

Step 4
切好的大板,取材率約80%

Step 5
將裁好的大板進行填縫補膠、研磨拋光

Step 6
處理好的大板運送至石材倉庫存放,進行銷售

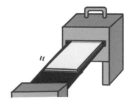

Step 7
將選定的石材大板送至二次加工廠,根據設計進行裁切、磨邊、表面處理等後製

Step 8
將加工完畢的石材半成品,運送到施工地點

常見的表面加工

 自然面 看起來很自然，有手鑿出來的不規則手感

 菠蘿面 表面凹凸肌理像菠蘿蜜

 磨菇面 中間會比較凸起，更具立體感

 荔枝面 有點像自然面，但凹凸感比較細緻，比較像微微的浮雕

 火燒面 利用礦物熔點不同，把石材某種成分的礦物燒掉，比較有水波紋的感覺

 噴砂面 表面會粗粗的像粗砂紙的質感

 機割面 會有規則的直紋

 拋光面 表面如鏡面，會反光

 亞光面 和拋面一樣表面平滑，但它是「消光」的效果

天然石材仿古面及其加工流程

　　近年來，由於石材設計裝飾潮流的改變，天然石材的仿古加工越來越廣泛的應用在各式建築的裝修裝飾，其實天然石材的仿古面並不是近幾年才被開發出來的新加工方式，早在上世紀 90 年代就已經有了。

　　所謂「仿古石材」，就是把天然的花崗岩或大理石經特殊的處理，使石材的表面出現類似風化後的自然波面或裂紋，同時石材經過長久使用而出現的自然磨損效果（近似亞光或絲光的效果）。通俗寫講，就是把天然石材加工出像是使用了上百年後的古舊效果。

　　石材仿古加工能夠具有凹凸不平的緞面絲光效果，顯現石材天然晶體光澤，起到獨特的裝飾效果；同時還改善了石材的防汙性能和防水性能，並且可以起到防滑作用。石材的仿古加工還可以避免建築物因為光的鏡面反射而出現光污染。同時仿古石材磨損後容易修復。同時顏色的色差上比磨光加工要小，也更能體現自然環保的價值理念。

石材施工及保養

石材有一定厚度，加上密度高、重量較重，因此運用於壁面甚至是天花板時，正確施工是非常重要的，才能兼顧安全與美觀。以下分別說明室內外牆面、地坪與填縫的施工重點，以及完工後的清潔及日常養護要點。

室內牆施工

依據設計圖說採用工法，並照施工規範大樣圖說，確實安裝固定，石材室內裝修講求精緻華麗細膩，一般石材施作高度約3m以內，裝修工法為配合設計造型要求，以達安全華麗舒適之要求，以下述五種工法來配合施工。

(1) 乾式固定工法：利用鐵配件將石材吊掛在施作面上。

(2) 傳統濕式工法：利用繫件固定石材與被施作面，間隙用水泥砂漿填充。

(3) 濕式加強工法：利用簡易型鐵件固定石材與被施作面，間隙用水泥砂漿填充。

(4) 黏著劑工法：利用膠泥或特殊黏劑將石材固定於被施作面。

(5) 輕隔間工法：利用鐵配件將石材固定於輕鋼架上。

室外牆施工

需依據設計圖說採用的工法，並照施工規範大樣圖說確實安裝固定，且需依控制線安裝石材。

(1) 濕式加強固定工法

A為濕式固定功法的改良版，採用固定鐵件或拉鉤繫件，做為輔助固定石材，最後做填縫處理。

b石材厚度與濕式固定工法，同為18mm～20mm厚，間距同為5mm～6mm寬。

c缺點為不易克服水漬等問題。

(2) 乾式固定工法

乾式固定工法是目前高度50m以下，RC結構且採用現場施工石材裝修工程所廣泛採用的工法，以一片石材板片為單位，每片石材由獨立固定鐵件吊掛固定，乾式固定法具有防震、防水、隔熱、防止石材受到污染、可做特殊造型等優點。

地坪施工

施工前應將地面整理乾淨，採用乾拌水泥砂，再鋪置石板。

(1) 地坪濕式工法

a 水泥砂漿鋪貼（軟底工法）

· 依規劃圖面指示，分割石材、控制線及高程控制面，假固定於施作面上，確認無誤後開始施作。

· 在地板表面均勻淋灑水泥漿，再鋪以較乾的水泥砂漿，將石板放置其上，調整至正確高低及水平位置後，再貼著水泥漿安裝固定。

· 室內地坪鋪石材，鉤縫應小於2mm，以水泥漿或其他適合填縫材料填補，鉤縫大於3mm以上防水材料填補。

b 水泥砂漿及膠貼（硬底工法）

· 將預定鋪設表面以1：3水泥砂漿粉刷整平，並預留石材厚度及貼著空間5mm～10mm。

· 清理鋪設表面，並將規劃圖面的石材分割控制線，正確放樣在鋪設面上。

· 將在工廠預先配比完成的特殊水泥砂或膠，加一定比例的水或助劑，均勻攪拌後，以溝槽式平均塗佈於鋪設表面，再將石板平均輕放於砂漿或膠上，調整正確的位置及水平。

· 地坪鋪石鋪設完成後，鉤縫用特殊水泥漿填補。

(2) 地坪高架乾式工法

· 依規劃圖面指示將石材分割線放樣於鋪設面上。
· 在所有分割交點，預埋金屬盤座，調整至設計高程及水平，將鋪石以每一角佔金屬盤座 1/4 方式加膠鋪貼。
· 鋪設完成後，2mm～5mm寬的鉤縫，以防水填縫方式填實。

填縫施作

施工前應將灰塵雜物清除，並選用合適的填縫劑，由接縫的交叉點開始充填，終止點避免交叉施作。施作時要隨時清理，避免污染到周邊石材。

常用施工法快速評比

工法	濕式工法	乾式工法
石材重量	適用於較薄、較輕的石板（厚度約 1.8 公分至 3 公分）	適用於較厚、較重的石板（厚度約 2.5 公分至 4 公分）
耐候性	易受溫度、濕度變化使水泥砂漿產生張應力，而造成石材扭曲變型、脫落	無水泥砂漿，固定繫件可對應石材之收縮、膨脹，耐候性佳
耐震性	石材被水泥砂漿與壁體結合成一體，石材易受壁體變形產生龜裂	石材與壁體有空隙，較不受壁體變形影響，耐震性佳
耐撞性	因內有水泥砂漿，故影響較小，只有龜裂之虞，耐撞性佳	底層有破損之虞，故施工須於底層作防撞填實處理
白華產生	出現機率高	無
施作工期	施工較慢	施工較快
施工成本	價格較低	價格較高
常用位置	地坪	牆面
注意事項	1 石材與結構面之間的水泥一定要確實填滿，避免空心產生 2 施工完後須靜置 24 小時避免碰撞及重壓	1 所有的金屬固定件以 EPOXY 固定時，不可有鬆動或傾斜現象 2 一定要給 EPOXY 1 天時間充分乾燥，鐵件與牆面的咬和及承載力才足以負載石材重量

讓細節更美觀！石材轉角的收頭設計

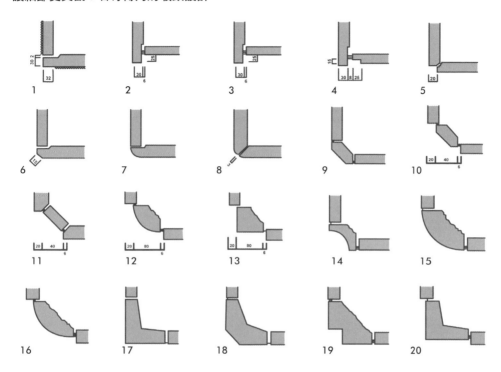

石材施工驗收

石材驗收的重點，可分為安全性及美觀完整兩大為重點，驗收時可從下面幾點來檢視：

是否平整穩固

石材面板單片重量可能超過20公斤，因此必須注意石材的平整及穩固與否，避免日後地震力與重力加速度，造成石材面板脫落。因而驗收時可從其外觀是否平整，以及搖晃後是否穩固來進行判別。

溝縫的水平垂直線

溝縫整齊與否會影響整體美感，一般而言，正常安裝的石材，溝縫的水平與垂直線條相當明顯，也不會有歪斜的狀況發生。

石材紋路與完整度

審視時，可注意石材是否有缺角，以及石材面板的紋路與色澤搭配是否與施工前溝通及照片呈現一致，避免施工人員面板安裝錯誤。此外，花崗岩的安裝可審視其色澤差異是否太大；大理石部分，除非有事先要求，否則正常完工的大理石表面應為對花對色。

可對照設計施工圖

可要求建商提供石材計畫設計圖，加以比對面板施工完成尺寸。交屋驗收時，可要求建商提

供石材計畫設計圖，加以比對面板施工完成尺寸，少數施工誤差大的面板，業者會利用角材修邊，因此必須要求線條比例正常，以免施工人員蒙混過關。

留意濕式施工處是否有空心

可用輕輕敲打產生的聲音判別，採用濕式施工須確認水泥砂漿填滿石材與結構面，因而敲打時聲音應為一致，若不一致或有空洞感，則有可能施工不完全。

石材常見的病變

石材天然素材，因此，許多因素可能造成其表面被改變，產生有礙美觀的瑕疵。以物理性行為而言，最常見如異材質木汁等滲入石材，導致石材變色；在化學性的污染方面，如大理石主要成分為碳酸鈣，與酸性物質接觸就會造成石材表面侵蝕。而石材最常發生的三種狀況分別為水斑、白華、鏽黃，下表說明其發生原因極可能產的結果。

石材變種類及成因

狀況	污染敘述	形成原因
水斑	表面濕潤含水，使得石材呈現暗沉，影響外觀	分為兩種，第一種為單純水分的吸收，因石材本身有毛細孔，當雨水、清洗地面的水從石材正面滲入，就會使石材表面產生暗沉現象；另一種則是因石材採用濕式施工時，黏接使用水泥裡的氧化鈣未完全溶解，透過毛細孔與水氣及空氣中的二氧化碳結合，產生容易吸水結晶的碳酸鈣，就會讓石材表面濕潤含水、色澤暗沉。
白華	在石材表面或填縫處有白色粉末產生，常發生於戶外或水源豐沛的地方，如花臺、戶外階梯、外牆填縫等	石材裝設時，背填水泥沙漿裡的鹼性物質，被大量水分溶離出來滲透至石材表面或填縫不確實位置，再與空氣中的二氧化碳或酸雨中的硫酸化合物反應，形成碳酸鈣或硫酸鈣，當水分蒸發時，碳酸鈣或硫酸鈣就結晶析出形成白華。
鏽黃	石材被鏽斑污染，呈現不均勻的黃色	鏽黃發生可分成三類：1. 原石本身因本身含有鐵礦物，其中不穩定的硫化鐵可能會因為周圍環境較為潮濕，或是酸雨侵蝕溶解出造成鏽黃現象；2. 石材加工過程中，可能因鋼鐵砂拉鋸殘餘的鋼砂未清理乾淨所致；3. 石材再安裝施工時，可能因其周邊的鐵製配件生鏽擴散至石材表面形成。

石材的清潔與養護

石材表面處理方式不同，如粗糙面或光板面，保養重點亦不同。光板面的保養，大體上仍以維護其表面鮮明度與明亮度為主。粗糙面保養，則分原始糙面再生、去除污染、防水處理、破損補強等。

市售的天然石材，大致分為大理石系與花崗石系，以二氧化矽為主的花崗石通常具備剛硬的特性（HM：6～8），以碳酸鈣為主的大理石硬度較軟（HM：3～5）。針對石材的特性，應評估需要進行的保養頻率及保養方式。

氣候條件對石材產生的老化效應（劣化）明顯，如在寒帶地區，石材未在安裝前施作防水處理，之前吸入過多的水份可能在氣溫低於冰點時，直接在石材內部結冰，而造成石材內部的破裂（脹破）的現象。又如戶外之酸雨被石材的毛細管吸收後造成的侵蝕和病變問題，均是在進行石材保養工程前事先評估的事項。

石材病變處理方式

狀況	使用藥劑	處理步驟
水斑	水斑處理劑、石材養護劑	1. 用清水將表面洗淨，再以乾淨抹布擦乾。2. 用毛刷將處理劑抹勻，靜待約 5 分鐘。3. 使用廣用試紙測試石材表面 pH 值。若試紙反應藍色或綠色，則表示仍未除去會使石材產生水斑的鹼性物質。因此可重複步驟2，直至石材表面呈中性或酸性（試紙呈黃色或紅色）。4. 用清水將處理劑洗淨，並用乾淨抹布擦乾。5. 用瓦斯噴槍將石材表面的水烘乾。6. 等石材表面溫度約 40～45℃時（摸起來溫熱不燙手），上養護劑，並用毛刷塗抹均勻。7. 靜置 5 分鐘後，用乾淨抹布將殘餘養護劑擦去。8. 接著靜置 24 小時，不沾到水即可。
白華	白華處理劑為酸性物質，使用時須戴手套，且較不適用於大理石面	1. 將處理劑稀釋處理劑 5~10 倍。再將其敷於產生白華的地方，並以毛刷塗抹使處理劑產生反應後，以刮刀刮除反應後物質，直到處理乾淨為止。 2. 刮除後，以清水清洗表面，洗去殘留的物質。
鏽黃	鏽黃處理劑、搭配之敷料	1. 將處理劑與敷料以 3：1 混合攪拌成糊狀，再將混合物覆蓋於鏽黃斑上，並以保鮮膜覆蓋於混合物之上，以防止蒸發乾涸（覆蓋時間的約 8～12 小時）。 2. 在覆敷時間內應定時查看鏽黃是否清除褪色。3. 待鏽黃已被清除，可用鍋鏟或刮刀除去混合物，並用清水清洗乾淨。4. 用瓦斯噴槍將石材表面的水烘乾。5. 等石材表面溫度約 40～45℃時（摸起來溫熱不燙手），上養護劑，並用毛刷塗抹均勻。6. 靜置 5 分鐘後，用乾淨抹布將殘餘養護劑擦去。7. 接著靜置 24 小時，不沾到水即可。

石材安裝的周遭環境影響石材劣化之因素相當多，如安裝於潮濕浴廁區域的石材，因使用鹽酸或具腐蝕性的清潔劑做不當清潔，造成酸蝕或黃化現象。又如公共區域行走頻繁區域，很容易發生加速磨耗的現象。或是廚房用餐區域，石材容易因油污及色料造成污染，因此在做保養石材時，應將環境因素納入考量。

石材是基本特性相當複雜的建材，相關保養技術牽動的層面相當廣泛，並非只是單純上層晶化劑做光澤保養，或塗上防護劑即為做好防護，有時甚至得用重型研磨機，在研磨過後才能獲得細緻的光板面，因此選擇優良的廠商配合，後續的養護也就有保障。

石材髒污急救方式

污染類別	說明	處理方式
果汁	蘋果、檸檬、橘子等帶有酸性的水果，容易滲入石材孔隙侵蝕，造成表面粗糙；且水果含有色素，如果長時間不清除，也會造成受污染石材表面黃化	若石材表面已被侵蝕，可用拋光粉拋光；若果汁造成石材表面黃化，可使用中性清潔劑清洗，若仍無法清除，再使用除色劑處理（處理步驟與鏽黃相同）。
膠水	瞬間膠、熱膠、環氧樹酯膠在石材表面硬化	使用刮刀刮除，若還有殘餘的硬塊，則使用除臘劑清除。
墨水	原子筆水、奇異筆水、墨水等污染會滲入石材內部，滲入時間愈久愈難清除	沾染上時，盡快擦洗清除；若顏色已滲入，就需使用除色劑。
口紅彩妝	口紅及彩妝成分含油、臘、染料，若污染到石材，會很難清除	先刮除表面過量的口紅，再使用丙酮直接擦拭污染表面，去除污染源
牛奶、奶油及乳製品	乳製品含動物脂肪，會發臭且使石材表面黃化	先使用中性清潔劑清洗表面，若黃化，再用除色劑處理。

plus 人造石

人造石為合成產品，利用樹脂加入色膏、石粉等成分製造而成，外觀彷如天然石材，能表現石材的紋理卻沒有毛細孔，比起天然石材防污、抗髒、不易吃色、好清理，因此廣為用於廚房檯面、扶手等，不過人造石不耐刮，若出現嚴重刮痕，可請廠商打磨處理。

人造石板材主要由樹脂（約佔成分30～50%）、填充材（約佔成分50～70%）、色粒（約佔成分2～10%）及顏料（約佔成分1～2%）四大成分合成。人造石的種類依所使用的主要材質類型分為以下幾類：

純壓克力型人造石

純壓克力型人造石的主要成分樹酯為壓克力材質（學名：聚甲丙烯酸甲酯PMMA），填充材為氫氧化鋁（俗稱鋁粉）。市場上有一些品牌稱100%壓克力（MMA）人造石，其實是他指佔人造石成分30～50%的樹酯部分為100%壓克力，並非由100%壓克力樹酯製成。

壓克力樹酯流動性好，製造工法難度大，設備投資龐大。因此只有世界上一些大品牌的人造石板材性能比較穩定及可靠。純壓克力型人造石板材彎曲性能好，耐候性較強，特別適合具彎曲及造型的檯面。

複合型壓克力型人造石

複合型壓克力型人造石的樹脂為優質不飽和聚酯樹脂（Polyester俗稱波利），是由樹脂與壓克力樹脂複合製成，填充材為氫氧化鋁。複合型壓克力型人造石板材彎曲性比純壓克力型人造石板材差，韌性較好，尤其適合做為廚具檯面。

不飽和聚酯樹酯型人造石（俗稱波利板人造石）

不飽和聚酯樹酯型人造石樹脂為一般的不飽和聚酯樹酯，填充材有些會用氫氧化鋁，有些則用碳酸鈣。由於不飽和聚酯樹酯的等級很多，有好有壞，因此不飽和聚酯樹酯型人造石，品質差異較大；填充材使用氫氧化鋁或使用碳酸鈣，也對人造石的性能影響很大。

氫氧化鋁型人造石

氫氧化鋁型人造石的樹脂使用壓克力樹酯或不飽和聚酯樹酯，填充材使用氫氧化鋁，穩定性高，耐候性較強，韌性較好。

碳酸鈣型人造石（俗稱鈣粉板）

碳酸鈣型人造石樹酯為一般的不飽和聚酯樹酯，填充材使用碳酸鈣，穩定性差，耐候性差，質地較脆，容易斷裂，且易褪色、泛黃。

目前台灣市場人造石板材品牌及種類

種類	性能	用途	台灣市場的品牌
純壓克力型人造石	彎曲性能好，耐候性較強，韌性好	特別適合具彎曲及造型的檯面	杜邦可麗耐、LG、三星、韓化等
複合型壓克力型人造石	彎曲性較好，韌性較好	適合一般的檯面，特別是廚具檯面	杜邦米蘭石、富美佳等
不飽和聚酯樹酯型人造石	不能彎曲，韌性較差	適合一般的檯面，要看材質好壞	其他大陸進口品牌
氫氧化鋁型人造石	曲性能好，耐候性較強，韌性好	適合具彎曲及造型的檯面、廚具檯面等	杜邦可麗耐、杜邦米蘭石、LG、三星、韓化、富美佳、皇家石等
碳酸鈣型人造石	不能彎曲，穩定性差，耐候性差，比較脆，容易斷裂，並容易退色及泛黃	建議不要使用	無名的大陸進口品牌

使用人造石要注意

一、防燙

剛從爐火上或微波爐中拿出的熱鍋、熱盤子或其他溫度高的用具，應放在隔熱墊或有橡皮腳的三角架上，不可直接置於人造石檯面。另外，電鍋或其他加熱器具放在檯面上，也應用墊子隔開，不要直接接觸人造石，避免對人造石檯面造成損害。

二、防切

絕對不要將人造石檯面當成砧板使用，切菜時請墊上砧板：雖然人造石檯面堅實耐用，但是在上面直接切菜，會留下不美觀的劃痕或鈍刀口。若不慎留下刀痕，可以根據刀痕的深淺，採用180～400目砂紙輕擦表面，再用海綿擦拭處理。

三、保持乾燥

人造石雖然防水，但自來水中含有漂白劑和水垢，停留時間過久，會使檯面變色，影響美觀，若被水潑濺，盡快用乾布擦乾。

圖片提供 **雲邑設計**

Part 3
空間設計常用石材及運用

01 大理石

質感細膩低調見奢華

大理石為變質岩，未變質前主要係石灰石及白雲石，就地質上而言稱之為「再結晶石灰岩」，指的就是碳酸鹽類礦物經壓力及熱力變質所引發的再結晶作用後的結果，主要組成礦物為方解石、白雲石等等，結晶顆粒通常呈互嵌狀組織。在礦物組成上，大理石與石灰石都含有相同的碳酸鹽類礦物，但組織結構有極大差異，不過目前商業上仍將大理石與石灰石全歸納為大理石，常見的國產大理石有和平白、新米黃等。

大理岩多為塊狀構造，也有不少具條帶、條紋、斑塊或斑點等構造，經過加工後成為有不同顏色和花紋的裝飾建築材料。挑選石材時盡量以石材外觀是否符合自己喜好來做判斷。大理石其表面色澤和加工方式，大理石可分為淺色系、深色系和水刀切割而成的拼花大理石，可依照居家風格與需求做選擇，選擇適合的大理石種類，單色大理石則要求色澤均勻、圖案型大理石則盡量挑選圖案清晰、紋路規律者為佳。

適合風格	現代風、古典風
適用空間	客廳、餐廳
計價方式	才，1 才為 30×30 公分
石材價位	NT.350 ～ 1,000 元以上／才
產地來源	義大利、中國、東南亞、台灣

雪白銀狐

古典米黃

各式大理石比一比

種類	特色	適用空間
淺色系	主要有白色系和米黃色系大理石；白色系的大理石適合用於空間中的基底色系，但其毛細孔較大，吸水率較高，硬度較深色系大理石為軟，在養護上要多費心。	適合不常使用的區域。
深色系	深色系的大理石材較淺色大理石堅硬，且毛孔細小，吸水率相對較低，再加上深色的底色，防污效果較淺色系顯著。	適合運用在較常使用的區域。
水刀切割的拼花大理石	包含花卉、幾何圖案等，圖案富變化，各家的圖案多樣，建議可依自己的喜好選擇。	常用於玄關地坪點綴。

南非黑

夏卡爾

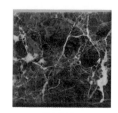

深金峰

大理石乃因造山運動而形成的石材，莫式硬度約3度左右，硬度雖然沒有花崗石高，但比起石英磚、磁磚都來得硬，不論鋪設在地面或壁面皆可。而大理石本身有毛細孔，一旦與水氣接觸太久，水氣就會滲入石材，與礦物質產生化學變化，造成光澤度降低，或是有紋路顏色加深的情形出現。

　　因此，較不建議將大理石鋪設在浴室等容易潮濕的地方，若要鋪設的話，在打底防護上可以選擇高品質的水泥砂漿，石材防水工程也要做到表面的六面防護。另外，大理石易吃色，若是不小心沾到飲料、醬油等有色液體，要盡快擦拭乾淨。

　　一般最常遇到的大理石病變問題為白華、吐黃。之所以會產生白華，主要是因為在鋪設時，防水處理未做完善，水分滲透到混凝土中，而滲出大理石表面，水分蒸發後，就在大理石表面形成一層的碳酸鈣，因此建議在鋪設大理石前要做好防水措施。

在現代幾何線條的概念下，設計師以黑金鋒大理石材質構築地坪與接待櫃台，藉由常見木地板的人字形拼貼分割手法，讓石材紋理走向打散，加上光影的反射意外產生如跳躍水紋般的奢華光澤感。圖片提供＿水相設計

入口玄關以白色系灰色底的雪白壁玉大理石作為立面主牆，相較
常見石材紋理更為輕淡許多，加上沒有雜紋、底色純，展現有如
玉一樣的質感。圖片提供＿水相設計

實品屋選用蒙馬特灰大理石做為空間裝飾主題，雷射切割圖騰門片以不鏽鋼收邊，在華麗貴氣中藏著異材質結合的趣味。圖片提供_諾禾設計

去除陽台隔間並向室內略為延伸加寬，再以半透明的活動隔屏界定玄關區域。加大並墊高的玄關鋪上素雅的銀狐石材，除可打亮進入室內的第一印象，舒淨的空間也成為女主人的瑜珈天地，朋友來訪時也可輕鬆坐在此處聊天。圖片提供_沈志忠聯合設計

冰灰大理石牆與柱是空間中的焦點，天花板設計間接照明，
冰灰牆面上下都有洗牆燈，搭配義大利霧面石英磚地板，營
造刻意低調收斂的細節奢華。圖片提供_諾禾設計

天井下方的造景，選用卡拉拉白大理石基座，底部使用不鏽
鋼做框架並設計排水，外面包覆木作，將大理石貼附於木作
上，降低遇水變質的情形。圖片提供_諾禾設計

為改善原本狹長而沉悶的屋況,將室內水平軸線作開放設計,使屋內前後空氣得以對流。再以具光澤感的銀狐石牆做出書房的格局定位,搭配半透亮的玄關隔屏與仿清水模磁磚電視牆設計,讓牆的阻隔與壓迫降至最低。圖片提供_沈志忠聯合設計

原本老式的陰暗陽台,因地板鋪上銀狐石材後而讓整體質感與亮度大為提升。為了平衡淺色石材,設計師以線性設計的木格柵,從大門天花板一路延伸、轉折至底牆而成為玄關端景,色調及材質的紋路都恰與銀狐石材形成上下的對比趣味。圖片提供_沈志忠聯合設計

在這個強調明亮感與漸層通透格局的低調空間裡，圖紋輕柔隱約、色調明亮可人的銀狐石牆被安置於室內中軸點，在視覺上明顯成為開放空間的聚焦點，此處再加上一盞重點照明的輝映，讓石紋更能展顯其裝飾感。圖片提供＿沈志忠聯合設計

由於女主人偏好素雅乾淨的石材紋理，客廳主牆因而選用白底帶灰的大理石鋪陳，輕淡的紋理如同樹枝狀的散開來，對應地面的月光米黃大理石，則是接近米白色調，兩者更為協調，且此款米黃大理石玻璃質高，反射性高也更為透亮。圖片提供＿水相設計

對比有著豐富紋理的大理石地面，立面材質刻意地予以簡化，挑選素雅的透光玉石打造而成，拉出兩者之間的獨特性，同時也創造相得益彰的大器氛圍。圖片提供＿水相設計

石材是豪宅設計的重要建材指標，為展現空間的奢華基調，在最受人
矚目的電視主牆上選擇圖紋明顯、氣勢磅礡的潑墨山水石材，並做滿
版無切割的鋪陳，塑造出空間的不凡器度。圖片提供＿鼎睿設計

石材風貌經常可反應出屋主性格，由於屋主喜歡濃重質感，因此選擇以潑墨山水大理石從玄關延伸到客廳，並在玄關處搭配茶鏡與重點照明，以增加晶亮程度與華麗感。圖片提供_鼎睿設計

屋主偏好強烈石材紋理質感，希冀住宅能擁有尊貴氣勢，因而選用大理石材作地面鋪設，特殊的蝴蝶紋與入口處直向紋理正好有所區隔，以此界定出不同行為模式的生活區塊。圖片提供__水相設計

石材就如大地演化史一般內蘊深厚的魅力。此案屋主因很喜歡石材，在裝修前就先挑選了這塊翡翠森林石材，並因其黝暗灰紋發想出竹林的主題，尤其搭配泥作天花板更可突顯出自然無造作的設計主軸。圖片提供_鼎睿設計

作為房地產業的簽約中心，業者對於契約盛重以待，以中華文化特有的書寫工具打造出筆、墨、紙、硯房簽約室，其中墨房將具有潑墨紋理的石材裱成一幅畫，大面積的留白襯托背景，而石材天然的色澤即表現出水墨「濃、淡、乾、濕、焦」五彩墨韻，黑色石材桌面則隱喻墨寶，象徵對書寫文字的慎重與誠信。圖片提供＿水相設計

餐廳轉角運用潑墨山水石材作包覆與轉折，讓用餐空間被環繞在自然流動的石紋畫面中，至於另一側則以精品餐櫃設計來為奢華氛圍提味，而隱約反映在玻璃鏡面上的石紋則延伸了石材美感。圖片提供_鼎睿設計

慕尼黑與奧羅拉大理石做雙色鋪貼的地板，展現出復古黑白的年代感，再搭配牆面上奧羅拉石材的全鋪面，讓畫面暈染上似有若無的石紋，呈現輕盈無壓力的美好。圖片提供_鼎睿設計

電視牆使用深色石材，以增加空間份量感，不鋪滿讓牆面輕巧許多。木皮與木地板皆為深色，傢具搭配與用色便從較輕盈且能突顯的的白色系著手。圖片提供_禾築國際設計

結合開放收納與下方藏酒櫃的設計，檯面石材與客廳電視主牆石材相呼應。櫃體的木皮與木地板花色接近，可放大空間效果，並可整合空間過多材質。圖片提供_禾築國際設計

由於空間走灰色調，石材也選擇中間調性的米格灰大理石，與空間的淺白灰色搭配。兩片拼接懸浮的牆面，只要在內部結構加強就能承載石材重量。玄關入口以茶鏡及淺色鐵件屏風搭配墨黑色牆面，以簡潔呈現石材線條的張力。圖片提供_禾築國際設計

衛浴在乾區使用石材，提升空間質感與貴氣。洗臉檯選用深色波斯灰大理石點綴，在衛浴空間建議挑選深色石材，較不易受潮變色。圖片提供_禾築國際設計

為了更加突顯翡翠森林大理石材本身流動的
石紋特色，在設計上不僅簡化主燈設計，同
時改以盆栽內置的溫暖燈光來營造出竹林漫
步的昏暗光氛，同時也對映出戶外公園的明
亮空氣感。圖片提供_鼎睿設計

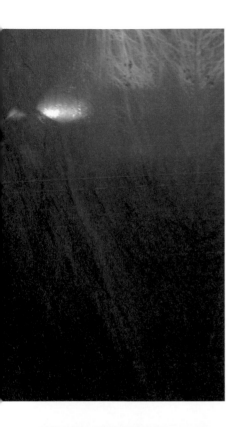

屋主希望回家後獲得平靜氛圍，因此空間以白為基調，透過各式材質的白與局部原木，帶來放鬆又不失質感的效果。位於中島廚房後方的小孩房，為給予引光的功能，隔間以小雕刻白大理石、玻璃構築，如水墨般的紋理在純白空間中創造人文質感。圖片提供＿＿水相設計

擔心油煙就不能在廚房用石材嗎？喜歡石材的屋主選用了小雕刻白大理石來包覆牆面、櫃體甚至排煙機，用完美接縫與細膩工法演繹出最美廚房，讓人幾乎忘了這是機能為重的空間。圖片提供＿鼎睿設計

主臥浴室擁有充足陽光，加上女主人特別喜愛美式風格，因此在私密浴室中決定以紋路流暢的薩日拉大理石鋪陳地板與踢腳板，搭配白奧羅拉石材的壁面設計，映照出令人心曠神怡的美式古典風。圖片提供_鼎睿設計

灰網石材主牆搭配鋼刷木紋的浴櫃設
計，讓浴室增多幾分雅痞氣味，再搭配
天花板圓圈主題的造型燈光更顯趣味；
另外，打亮石牆的聚光燈則讓空間更為
聚焦。圖片提供_鼎睿設計

嚮往電影畫面中時間彷彿停駐的的沐浴時光嗎？在充足採光的浴室
內，奧羅拉大理石牆與直紋壁紙柔和出輕盈空間感，而黑白拼貼的
石材地板上安坐著獨立浴缸與復古浴櫃，彷彿生命就該如此優雅。
圖片提供_鼎睿設計

石材是浴室提升質感的最佳推手，色澤飽和的灰網石適度地襯托出硬派優雅的白瓷浴缸，而浴室內部雖採用仿石磚，但溫暖配色與生動石紋與灰網石牆呼應，對整體空間也加分不少。圖片提供_鼎睿設計

即便是白，也要隱藏些許華麗細膩的質感，位於主臥房的衛浴，特別選用銀狐大理石馬賽克為基底，無須透過比例分割，就能塑造出純淨又精緻的氛圍，且相對於大理石材，大理石馬賽克屬於規格品，價位上較為便宜些。圖片提供__水相設計

主臥衛浴因應屋主對於奢華感的喜
愛，以及為展現大宅的穩重氣度，設
計師選用安格拉珍珠大理石鋪陳，搭
配頂級的衛浴設備，呈現出有如飯店
般的高貴典雅質感。圖片提供__水相
設計

衛浴洗臉檯選用松柏石，搭配冰灰牆面，檯面邊緣
留有空隙，其實暗藏下方櫃體門片的取手。衛浴門
片在玻璃上貼附有棉絮質感的薄膜，透光又能營造
細部質感。圖片提供 _諾禾設計

02 花崗石

硬度高的耐久石材

　　花崗石英文名稱granite，是從拉丁文granum來的，意指顆粒。花崗石為地底下的岩漿慢慢冷凝而成，由質地堅硬的長石與石英所組成，莫氏硬度可達到5～7度。其中，礦物顆粒結合得十分緊密，中間孔隙甚少，也不易被水滲入。吸水率低、硬度高、質地堅硬緻密、抗風化、耐腐蝕、耐磨損、吸水性低，美麗的色澤還能保存百年以上等種種特性，使得花崗石的耐候性強，能經歷數百年風化的考驗，相較於建築壽命長得許多。因此，花崗石十分適合做為戶外建材，大量用於建築外牆和公共空間。目前市售的花崗石主要產於南非與大陸等國。

　　花崗石就在礦物組成而言，以石英、長石、雲母、角閃石等鋁矽酸鹽類礦物為主，磁鐵礦、石榴子石、磷灰石等為輔。一般而言，長石的含量會較石英多，紋路及色彩因集中於長石的部份而變得極為豐富，硬度大且較抗風化，長久以來即被作為主要建材，在台灣地區目前的石材裝修工程運用的最多，本地並不產花崗石，目前所有花崗石礦均仰賴進口。花崗岩石材按色彩、花紋、光澤、結構和材質等因素，分不同級次。台灣經濟部礦物局將花崗岩分為黑色系、棕色系、綠色系、灰白色系、淺紅色系及深紅色系六類。

適合風格	現代風、古典風、鄉村風
適用空間	玄關、廚房、樓梯、衛浴、陽台
計價方式	才，1才為 30×30 公分
石材價位	NT.200～400 元，不含施工
產地來源	中國、印度、南非、美洲、歐洲

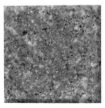

山東胡桃

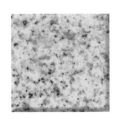

太陽白

花崗石和大理石的比較

種類	大理石	花崗石
石材構成	為變質岩,未變質前主要為石灰石及白雲石,受熱力及壓力變質,引發再結晶作用所造成	為火山熔岩冷卻後構成,外觀較少層理,成塊狀且高密度的火成岩體。礦物組成以角閃石、雲母等礦物為主
特色	紋理具有獨特質感,適合作為主視覺牆	大多用於公共區域或戶外建材
優點	紋理多變	硬度最高,耐候性佳
缺點	表面有毛細孔、保養維護較費工	紋路相對沒那麼活潑

金帝黃

銀灰

紫羅蘭

雖然花崗石的吸水率低、耐磨損、價格便宜，適合做為地板材和建築外牆。但從設計上來看，比起大理石，花崗石的花紋變化較單調，缺乏大理石的雍容質感，因此難以成為空間的主角，一般設計師則較少用在室內地板上。用於室內時，多用在樓梯、洗手台、檯面等經常使用的區域，有時也會作為大理石的收邊裝飾。

　　花崗石依表面燒製的不同，可分成燒面和亮面，燒面的表面粗糙不平，因此摩擦力較強具止滑效果，可用於浴室或人行道等。

在泥作天花板與深色石材的黯灰空間中，選擇以粗糙仿古面的咖啡絨石皮鋪貼電視牆，立體的肌理秀出內斂、沉著的觸感，展現出專屬於主人的品味，而白奧羅拉大理石地板則透出亮度並延伸空間寬闊性。
圖片提供 _ 鼎睿設計

電視牆面選用米色調鏽石，立織面的加工處理，將石材的紋理突顯出來，凹凸的立體效果彷彿天然岩壁般，讓空間與自然的連結，以一種裝飾藝術化的方式完整體現。圖片提供_水相設計

在一鏡到底的平整天花板，與素麗無瑕的木質地板之間，矗立著狂野粗獷的電視牆面來與之對應，讓原味呈現的辛伯尼灰石牆給予現代精緻空間更具震撼的設計力度。圖片提供_鼎睿設計

表情粗獷的辛伯尼灰石讓家也能擁有具有張力與戲劇感的畫面，雖然在一般以精緻為
尚的現代住宅較少被使用，卻可讓空間展現極高的記憶點，而一塊塊疊上的灰色石材
也能引領心情走向曠野。圖片提供_鼎睿設計

玄關地板的復古面仿岩磚與木
牆，為空間揭開序幕。深咖啡
色的玄關牆和客廳辛伯尼灰石
牆同樣擷取自大自然的素材，
藉著一深一淺的色調搭配，展
現空間協調而有力度的原始氛
圍。圖片提供_鼎睿設計

以咖啡絨石材在木質沙發牆上嵌入如壁龕式的主牆造型，加寬的石框更能
展現厚實感，成功地狀大沙發主牆的氣勢，而軌道燈設計則讓畫面聚焦。
圖片提供 _ 鼎睿設計

秋海棠花崗石半高電視牆，透空並懸浮，是希望
能讓視線穿透到後方的書房，讓空間更開闊，光
線也能自由流動。圖片提供_禾築國際設計

秋海棠石材電視牆轉折了一
道側牆，木作層板與其相
接，鍍鈦格柵門片的機櫃再
懸浮其上，完美銜接收邊。
圖片提供_禾築國際設計

建築外觀利用白鐵搭配橄欖綠花崗石，展現現代的簡練和細緻。
圖片提供＿水相設計

廚房的櫃體採用與紅酒意象呼應的紫，通往酒窖區的走道則用沉穩的灰色調，連中島吧檯的吊櫃，都採用可聯想到酒窖意象的水沖面花崗石鋪陳。圖片提供 _ 創研空間設計

開放的餐廳、廚房，設計了中島吧檯，並且僅以一面薄薄的水沖面花崗岩石牆區隔，內嵌酒杯架，讓空間保留穿透感，也讓公共空間成為生活的重心。圖片提供 _ 創研空間設計

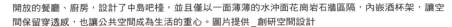

為了凸顯美式風格的特色，設計師特別手繪設計壁爐造型，在選用與牆面同一塊小雕刻白大理石材，請師傅施工量身打造，呈現獨一美感。另外，安哥拉珍珠石地板則刻意做踢腳板，讓地板有延伸放大的效果。圖片提供＿鼎睿設計

紋路細緻生動的安哥拉珍珠石，特別能襯托出美式新古典的優雅，設計師在中島廚房的地、壁面上均鋪用同款石材，但透過不同角度的光影投射，呈顯出安哥拉珍珠石的紋路變化之美。圖片提供＿鼎睿設計

許多屋主希望在主牆上選擇石材作裝飾，是期許能為封閉環境帶入一抹自然色彩，而色感柔和且紋路極具變化的極光花崗石，確實讓簡約的電視牆畫面增添更多生命力，也讓紅色沙發更增豔顯色。圖片提供＿鼎睿設計

開放廚房增加了料理者與家人互動，也讓人更加重視廚房裝飾性。為此，設計師選擇以翡翠晶鑽石材來包覆中島吧檯，其黑色量體與後方的伊朗銀灰洞石背牆形成前後呼應，讓烹調空間更有風格與氣度。圖片提供＿鼎睿設計

利用不同花色的花崗石板材做出餐桌兼吧
檯，選擇皮質座椅，營造奢華大器。右邊
牆面其實是通往臥房的拉門。圖片提供_
鼎睿設計

全室鋪設石材，淋浴間與澡缸分離的設
計，讓屋主在家也能享受飯店般的設
施。地板與壁面構成單色的背景，搭配
白色的衛浴設備，呈現出色彩柔和的放
鬆調性；洗手檯以黑色咖啡絨石材凸顯出
檯面的簡潔線條。圖片提供_力口建築

以花崗石鋪陳大片牆面、檯面及浴缸底座，奠定了空間的獨特美感，並在淋浴區壁面用石英磚做出空間層次。此外，向上延伸的帶狀燈光還能化解空間狹長的缺點，並帶來明亮輕盈的調性。圖片提供_瑪黑設計

為了援引戶外的景色，使屋主在泡澡時也能輕鬆享有大面窗景，設計師特別在浴缸的側牆，利用寬幅鏡櫃來反射戶外的天光景色。同時，櫃內的收納機能，也將機能與紓壓的美感合而為一。圖片提供_瑪黑設計

以灰色為基調的衛浴間，設計師選用印度黑花崗石，以手工砌成降板式的泡澡浴缸，搭配噴砂玻璃引進良好的採光，將沐浴空間打造成舒適、減壓的理想狀態。圖片提供_繽紛設計

這個衛浴間，在鄰近低尺度大窗的位置，以燒面處理的黑色花崗石打造出寬敞的浴缸；讓屋主在輕鬆泡澡的同時，還可眺望窗外的景色。圖片提供_奇逸空間設計

地坪以黑白花色花崗石鋪陳，邊櫃橡木採取染色，桌面的梧桐木為本色，刻意訴求簡單的木素材組成，減少雜物，整個創作環境十分舒適宜人。圖片提供_大雄設計 Snuper Design

為了讓私密的衛浴空間也能展現都會時尚感，選用深色系咖啡絨石材來鋪貼檯面與壁面，光面的材質表面搭配白瓷面盆更覺精緻出色，而右方灰紗玻璃門片則營造輕盈感、亮化空間。圖片提供_鼎睿設計

03 蛇紋石

有綠色大理石美稱

　　質地軟，具有滑感，顏色一般為灰綠色、黑綠色或黃綠色，色澤分布不均勻，顏色鮮豔半透明的蛇紋石，可以作為工藝品原料或建築裝飾材料。

　　蛇紋石在組成上雖屬鋁矽酸鹽類礦物，但由於許多物理性質與大理石十分接近，建築應用上，有些業者會把它其和大理石歸為同類，市面上常見的蛇紋石顏色呈中綠、黃綠或接近黑的深綠色，因此在習慣上也將蛇紋石稱為「綠色大理石」。台灣東部所產的蛇紋石已有數十年的開採及加工歷史，早期台灣公寓住宅地板經常使用蛇紋石，現在產量已逐漸減少，在裝修老屋時，也有人選擇保留蛇紋石地坪重新打磨，做出復古感或是工業風格的家居設計。

適合風格	現代風、自然風、復古風
適用空間	客廳
產地來源	台灣、中國、美洲、歐洲

蛇紋岩復古面

因應屋主家族的長輩們要求，客廳保留了蛇紋石的拼花地板，僅以純白背景與紫色主牆來平衡墨綠色的地坪。圖片提供_山木生設計

採取開放式格局的客廳，保留充滿懷舊氣息、俗稱綠色大理石的蛇紋石地坪，並於天花板、壁面之間加入火頭磚、石材、黑板漆等多種材質，創造粗獷、溫潤、細膩等多重衝突美感。圖片提供_六相設計

04 洞石

孔洞表面具人文質感

　　洞石是因表面有許多天然孔洞，展現原始的紋理而得名。一般常見的洞石多為米黃色系，若參雜其他礦物成分，則會形成暗紅、深棕或灰色洞石。其質感溫厚，紋理特殊能展現人文的歷史感，常用於建築外牆。

　　洞石又稱石灰華石，為富含碳酸鈣的泉水下所沉積而成的。在沉澱積累的過程中，當二氧化碳釋出時，而在表面形成孔洞。因此，天然洞石的毛細孔較大，易吸收水氣，若遇到內部的鐵、鈣成分後，較易形成生鏽或白華現象，在保養上需耐心照顧。

　　因此，為了改善其缺點，進而研發出人造洞石，淬取洞石原礦，經過1,300℃的高溫鍛燒後，去除內部的鐵、鈣，保留洞石的原始紋路，但卻更加堅硬，經燒製後密度較高，莫氏硬度可高達8。表面雖無原始的孔洞，但經過拋光研磨後亮度可比擬拋光石英磚。除此之外，由於原料取材自洞石原礦的粉末，無須大量開採，能有降低自然資源的消耗。

適合風格	各種風格都適用
適用空間	客廳、餐廳、書房、臥房
計價方式	人造洞石以片計價
石材價位	人造洞石約 NT.3,950～4,600 元／片
產地來源	義大利等歐洲國家、伊朗

黃洞石

白洞石

黑洞石

珊瑚洞石，質地脆，小片切割成厚1公分，自然感受，密接有如文化石牆，再用木作收邊，作為空間焦點。圖片提供 _ 諾禾設計

沙發背牆特別選用羅馬洞石，然而相較一般洞石帶黃且洞結較多，此塊洞石底色接近淺米白，並呈現水平向的紋理，再經由特意的加工形成霧面質地，讓底更為透白，與前方的織品的白相互呼應，更展現每種材質的溫度與肌理。圖片提供 _ 水相設計

洞石除了適合搭配鏡面，跟同樣帶著冷調個性的不鏽鋼也是非常速配，考量到清潔，廚房並不建議使用洞石做為壁面材質，但若是廚房為開放式且多為展示，洞石是可以提升廚房的質感。圖片提供_IS國際設計

相較於其它大理石，洞石是較具現代感的石材，也多用在現代風格的居家，設計師選擇用洞石為客廳主要材質，局部搭配鏡面隱藏櫃，展現出一種低調的質感。圖片提供_IS國際設計

小坪數也適用洞石一般小坪數的住宅並不建議使用大理石，若要使用也
建議以主牆面為主，同時要更為一體去考量像是門片也要拉高，才能帶
出大理石特殊的質感。圖片提供＿IS國際設計

客廳主牆選用洞石做為主材質，並延伸至走道連結
臥房，走道因為洞石及燈帶而不再只是過道，也成
為展示的空間。圖片提供＿IS國際設計

以洞石做大面積鋪陳來凝聚空間重心，並藉離地15公分的間距與一旁的清玻隔屏呼應，如此一來既可藉清玻與百葉窗簾調度書房與客廳的內外互動，懸空處理又能延伸視覺、輕化量體，也順勢化解頭頂壓樑的不適感。圖片提供_金湛設計

洞石深淺不一的紋理與孔洞對比出烤漆玻璃的光鑑平整，壁面做部分挖空，削弱牆的厚重。天花高達 4 米以上，透過一氣呵成的手法突顯挑高，也藉此隱匿了變電箱、增闢出電器收納空間。圖片提供 _ 金湛設計

兩片紋理清晰的山形紋黃金洞石拼貼而成的電視牆，突顯大器的客廳設計。以石材作為電視主牆，施工時必須先以木作打板，再用乾式施工手法，將石材用 AB 膠貼附於牆面，不能採用一般石材地坪的濕式工法，否則有石材掉落的危險。圖片提供 _ 大雄設計

原本設計師設定這面支撐增建區的牆面材質為清水模，但屋主擔心清水模太過工業冷調，討論後改以同樣具有質樸自然特性的洞石鋪陳。圖片提供＿奇逸空間設計

位於玻璃屋的餐廳，背景是與房子同高的
洞石牆，隨機分布的天然孔洞，豐富了大
面牆壁的細節，搭配巨型吊燈，有如國外
度假住宅。圖片提供＿奇逸空間設計

05 石英石

硬度高耐熱又抗污

　　石英石材質採用天然90％以上之石英晶體，因此材質堅硬，達莫式硬度7以上，表面超級耐磨。其熔點達1600℃以上，因此也特別耐熱。而表面之亮麗經由水磨處理後，還可另製多種之表面處理，如波紋面、皮紋面及燒陶面等。

　　石英石與人造石同為人工製造，因此都有色彩豐富、色差少、表面光滑亮麗、無毛細孔、吸水性低、抗腐、抗菌、耐酸鹼、油漬易清理及均為環保建材等部分相同的特性，但因材質之不同而有各自優劣點，如石英石因採用大量天然石英晶體，而無法做到加熱彎曲造型及無縫銜接，但相對的，因石英晶體硬度高的材質特性，長期使用後依然如新。

適合風格	各種風格都適用
適用空間	廚房、衛浴
計價方式	以平方公分計價
石材價位	約 NT.150～250 元／平方公分
產地來源	美國、韓國

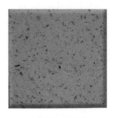

淺色石英石

深色石英石

遠觀彷彿一幅創意十足的現代畫作的餐廳主牆，其實是用栓木皮、石皮板與鐵件、茶鏡拼貼而成，且巧妙隱藏了房間的出入口。圖片提供_品楨空間設計

餐桌桌板與廚具檯面皆為高硬度的純白賽麗石，可直接當鉆板使用，並營造空間延伸效果。餐廚動線內部的廚房多了延伸備料區，因考量女主人在備餐時可與家人在餐桌上互動。圖片提供_禾築空間設計

以石英製成的賽麗石，材質的特性比一般人造石堅硬許多，也不會吸附髒污。因桌面的量體是從玄關屏風一直延續到餐廳，所以選擇白色帶有些微灰色紋路的石材，讓空間感覺明亮簡潔。圖片提供_禾築空間設計

在廚房與餐廳之間,規劃了一個中島工作區,方便屋主平日泡茶、聊天、品酒。廚具和中島流理台,都選用花生色石英石,營造舒適溫暖的餐廚氣氛。圖片提供_Ai Studio

衛浴空間開了兩個通道,正向通往睡寢區,左側則連結到更衣室。大寬幅的賽麗石檯面設置雙面盆,側牆的兩個方形孔槽,可放擺飾品或盥洗備品,造型同時呼應通道開口,以及更遠的方形對外窗。圖片提供_尚藝室內設計

06 萊姆石

結晶細緻表情素雅

　　萊姆石是幾億年前海底下的岩屑和貝類及珊瑚等其他沖積物，經天氣及地殼變動，積聚而形成的結晶石，由於沉積年限不同，再經過地殼變動過程中的高熱高壓，變化出軟硬度不同的石灰岩類石材，稱之為萊姆石，由於它是由數十億年前大量貝殼類小動物的外殼化石所組成的，因而也被稱為「生命之石」。

　　質地細致優雅的萊姆石看起來很漂亮，但質地軟，吸水率高，為了讓它能長期保持美麗外觀，施工時要將施作面充分清潔，保持乾燥，再塗布防護劑加強保護，最後再做晶化處理。

適合風格	現代風、自然風
適用空間	客廳、臥房
計價方式	以才計價，才 ＝30×30 公分
石材價位	NT.150 元起
產地來源	義大利、葡萄牙、中國

米白萊姆石

灰萊姆石

獨棟建築的入口處，由於設定立面已是素雅且簡化分割的萊姆石材質，因此地面特意挑選蔚藍海岸石材，藉由豐富清晰的特殊紋理，展現地、壁的層次感。圖片提供_水相設計

一般電視主牆的石材多以平面設計為主，但設計師決定打破設計窠臼，先將電視櫃以木作設計出ㄇ字櫃體，使櫃體後方增加收納性，再用事先切割成條狀的萊姆石現場貼出立體造型，相當別致。圖片提供_鼎睿設計

電視牆使用溫潤的米白色萊姆石，裁切出尺寸不一的長方形，有的霧面，有的亮面，底邊以不鏽鋼鐵收邊，增添層次感，下方的集成木作平檯，以不鏽鋼鐵件收側邊。圖片提供_金湛設計

格局方正的房子，空間的動線更依循著日光作延展，讓屋主隨時漫步在自然光廊，主臥的回字型動線亦是如此，同時選用灰色萊姆石作為牆面主題，裁切最大化的極簡鋪貼手法，獲取寧靜、舒壓的氛圍。圖片提供_水相設計

壁面利用白色的萊姆石加入導角分割線條，簡單乾淨卻具細膩質感。圖片提供＿水相設計

衛浴以峇里島湯屋概念設計，刻意將用於建築外牆的條形丁掛磚，貼於浴室牆面，加以砂岩類石材立體造形點綴，讓人有種彷彿置身露天風呂的感覺。搭配米黃萊姆石檯面、手工陶藝洗手盆，與籐質編織材料的門片及櫃體，盡顯南國風情。圖片提供＿福研設計

07 木紋石

紋路天成猶如歲月肌理

木紋石是指具有天然木質紋理的石材的統稱。在商業石材行業，只要經過切割加工後具有類木質紋理的石材，都可稱為木紋石，同一塊原石因加工切割方式不同，能呈現出各種紋路，若縱切是木紋，橫切可呈現雲紋，水紋或者類似年輪的紋理。

根據石材種類不同，可分為大理石木紋石，砂岩木紋石，少部分為花崗岩木紋石；根據顏色不同分為紫木紋石，紅木紋石，黃木紋石；根據木紋的不同又分為細木紋，大木紋，直木紋，自然木紋等；國外進口的木紋石一般都屬於大理石類，砂岩木紋石屬於砂岩。

至於木化石又稱矽化木，是古代的樹木經歷地質變遷，最後埋藏在地層中，經歷地下水的化學交換、填充作用，從而這些化學物質結晶沉積在樹木的木質部，將樹木的原始結構保留下來，於是形成為木化石。

適合風格	現代風、自然風、禪風
適用空間	客廳
計價方式	以才計價
石材價位	約 NT.1,000 元／才起
產地來源	中國、歐洲

伯朗木紋

木化石復古面

從相對狹長陰暗的玄關轉入開放明亮的室內公共空間，利用材質和色彩暗示空間轉，玄關以柚木實木拼牆面搭配地坪的印度黑石材，轉入客廳改為白色牆面搭配百木紋石材地坪，大面積鋪陳展現天然石材紋理之美。圖片提供_奇逸空間設計

一改常見的平面拼花大理石牆面，電視主牆以俐落的垂直水平線條，拼排成造型牆面，沒有多餘的檯面，更加彰顯出黃金木化石的質感。圖片提供_王俊宏室內設計工程

客廳主牆利用石材特有的紋理、手感，並透過線條的分割，引導大器質蘊，上方運用傾斜的角度變化，有效的拉高空間高度。
圖片提供_里歐設計

電視牆淺色木化石與沙發背牆的編織紋壁紙，希望營造出略帶奢華但又令人放鬆的空間氛圍，
電視下方平台為橄欖啡石材，選擇深色是希望與電視牆面木化石的淺色能再跳個深色的顏色層
次。圖片提供_禾築國際設計

石材的分割處特意內凹，表現石材的厚實感。
垂直的切口內貼茶鏡，透過異材質結合，強調
石材的分割韻律感。圖片提供＿禾築國際設計

電視牆與走道另一側櫃體皆用錯落帶有韻律的分割比例，材質上用淺色楓木木皮搭配電視
牆的淺色木化石，統一整面牆的色調。電視牆面上方裝設嵌燈，往下照耀讓石牆更有層
次。圖片提供＿禾築國際設計

08 板岩

樸實粗獷展現自然風格

　　板岩的結構緊密、抗壓性強、不易風化、甚至有耐火耐寒的優點，早期原住民的石板屋都是使用板岩蓋成的。早期因為板岩加工不多，其特殊的造型較少運用於室內，反而被廣泛運用在園林造景、庭院裝飾等，展現建築物天然的風情。但近年來石材的運用日漸活潑，板岩自然樸實的特性，也成為許多重視休閒的人所接受。

　　由於板岩含有雲母一類的礦物，很容易裂開成為平行的板狀裂片，但厚度不一，鋪設在地板時，須考量到行走的安全，清潔方面也需多費工夫。板岩的吸水率雖高，但揮發也快，很適合用於浴室，防滑的石材表面，與一般常用的磁磚光滑表面大不相同，有種回歸山林的自然解放感，觸感更為舒適。

適合風格	南洋風、自然風、鄉村風
適用空間	客廳、餐廳、書房、衛浴、陽台
計價方式	平方公尺
石材價位	NT.1,500～2,500 元
產地來源	中國

卡迪爾灰板岩復古面

黑色薄型板岩

玄關是賓客入門的第一印象，因此特別選用璀璨的金色夢幻板岩與安哥拉珍珠二種石材來鋪貼地板與壁面，藉由錯落華美的紋路映襯出白色線板門片與鏡面的俐落，也展現美式風格的絕代風華。圖片提供_鼎睿設計

地下1樓的視聽室置入有重量感的石材元素作為牆面，以鑿面積層岩板岩深刻的層次肌理，彰顯空間的大器與粗獷質樸，搭配天窗灑下的光線，一掃地下室陰暗的既定印象。圖片提供_鼎睿設計

在浴室外構築一道觀景牆，在板岩石片牆的襯托下，一株黑松木立即成為最具說服力的主角，搭配燈光呈現出靜謐的空間氛圍，讓人在泡澡的同時，藉由視覺達到身心靈的沉澱。圖片提供 _ 鼎睿設計

和室的入口處運用板岩壁面，以手工雕鑿創造出彷彿戶外石牆的自然效果，設計由上往下的投射燈，凸顯立體感也讓接面隱而不顯。架高地板階梯段差使用原石踏階，搭配間接燈光，創造出多層次空間感。圖片提供 _ 禾築國際設計

客廳電視牆以大理石不規則拼貼鋪陳，搭配深色板岩低檯度檯面，呼應地坪的淺色拋光石英磚，讓材質的自然肌理表現，創造豐富的空間表情。圖片提供_明代空間設計

客廳電視主牆手工雕鑿的千層黑板岩，將戶外建築用材運用於室內的獨特手法，讓空間呈現自然質樸的舒適氛圍。圖片提供_品楨空間設計

09 砂岩

有如細沙紋路多變化

主要是由石英、長石等碎屑組織構成，由氧化矽、黏土、方解石、氧化鐵等礦物膠結體填充而成，適合塊狀堆砌使用。依所含填隙物質及膠結物質之不同而分為矽質砂岩（以二氧化矽為主要膠結物質者）、鈣質砂岩（以碳酸鈣為主要膠結物質或為砂岩中之副成分礦物或以上兩者皆有者）、泥質砂岩（黏土礦物為主要膠結物質）及鐵質砂岩（氧化鐵或氫氧化鐵為填充物質或膠結物質）。

若按礦物類型分類，則可分成石英矽屑含量達 95% 以上的石英砂岩，石英含量高於75% 的石英雜砂岩，以及石英含量低於75% 長石雜砂岩。

砂岩為容易取得且雕鑿的礦源，雖不耐風化與水解，卻是使用最廣泛的建築石材，如巴黎聖母院，羅浮宮等，砂岩是一種生態環保石材，吸水性較好，表面含水薄膜層，可以產生過濾污染雜質的效果，比石灰石、白雲石更能抵禦污染，但仍具有毛細孔，一般以水性砂岩防護劑做防護處理，避免變色情形產生。

適合風格	現代風、自然風
適用空間	外牆、客廳、陽台
計價方式	以片計價
石材價位	視產地和材質不同
產地來源	台灣、中國、印度、澳洲、西班牙

平行紋

流紋

設計師運用多種材質表現空間層次感，砂岩牆面與天花板的鐵刀木皮，石材與玻璃結合，加上鍍鈦金屬收邊，地坪拼貼兩種磚材，透過呈現素材原貌在都會住宅中注入自然感受。圖片提供_大雄設計 Snuper Design

餐廳外，利用灰綠色的砂岩做不對稱切割，搭配人工草皮，企圖營造類似山景的效果。圖片提供_水相設計

10 觀音石

色澤樸實文雅台灣原產

台灣北部觀音山生產的石材,灰色帶些淡青色。觀音石的學名是安山岩,屬於火山噴出塊狀岩,為台灣最早應用之岩石,名勝古蹟多見其蹤跡。可做為建材、傢具、雕刻、造景之用,具有優異的耐火性與耐溫泉性,莫氏硬度達5度,比重2.49,吸水率約2.28。性質堅硬,抗風化力強,具耐久性,頗受中國禪風與日式禪味的設計師們喜愛。

觀音石的特性是會愈用愈光亮,如同養玉、養壺,用久了愈會顯現出溫潤質感。但缺點則是毛細孔大,容易吃色。觀音山石屬硬岩類,顏色、質地灰黑,呈現古樸自然的質感,可以做成大片板材或規格品,可加工成光面、平光面、噴砂面、粗鑿面等。若想做檯面,可選用亮面觀音山石;平光面的觀音石山,因具止滑效果,較常用於浴室,也適合用來打造浴缸;若想展現石材原始美,可選荔枝面或劈裂面觀音石片。

適合風格	現代風、禪風、自然風
適用空間	客廳、樓梯、衛浴
計價方式	以坪計價
石材價位	連工帶料每坪 NT.12,000 ～ 18,000 元
產地來源	台灣

觀音石

客廳與書房採取開放式設計，藉由實木貼皮的局部天花板與木質傢具，串聯空間的調性，粗鑿面觀音石電視牆，不規則大塊拼接，則為空間加入古樸自然的肌理。圖片提供＿禾觀空間設計

設計師利用實木貼皮與天然石材，為公共空間創造粗獷中帶有華美的氛圍，觀音石電視牆有著深淺層次的天然紋理，增添粗獷風貌，與木質收納格櫃連接，散發自然氣息。圖片提供_禾觀空間設計

複層空間中的樓梯以鋼構架設，再以金屬立柱加強支撐，階面鋪設觀音石，觸感溫潤，透空的設計手法，也創造樓梯有如懸浮在半空中的視覺效果。圖片提供_禾築國際設計

11 抿石子

抗候耐久風格多變

　　抿石子是一種泥作手法，將石頭與水泥砂漿混合攪拌後，抹於粗胚牆面打壓均勻，厚度約0.5～1公分，多用於壁面、地面，甚至外牆，依照不同石頭種類與大小色澤變化，展現居家的粗獷石材感，小顆粒石頭鋪陳在牆面較為細緻簡約，大顆粒的石頭則呈現自然野趣感，而深色的石頭則會因為時間撫觸的次數而越顯光亮，是相當有趣的壁面材質。

　　抿石子耐壓效果良好，也較不會如地磚易因熱脹冷縮凸起，而用在外牆也不用擔心剝落等問題。抿石子使用材質一般可分為天然石、琉璃與寶石三類，單價依序以天然石、琉璃至寶石最高。天然石一般多為東南亞進口之碎石製作，僅有宜蘭石為台灣自產，生產時工廠會依照顏色、粒徑分類。若鋪設面積小，可購買不同色彩和大小的天然石，但大面積使用建議購買調配好的材料包，以免不同批施作產生色差。琉璃為玻璃燒製的環保建材，台灣製作的廠商少，市場上也有中國進口產品，但品質較不穩定。至於寶石如白水晶、瑪瑙、紫水晶、珍珠貝等製作，折光性與透光性較琉璃高，多進口自東南亞，單價也最高。

　　一般人常說的洗石子，和抿石子的前期工法一樣，只是洗石子的最後階段是用高壓水柱沖洗多餘水泥，但抿石子則用海棉擦拭表面水泥，讓混拌其中的石子浮現而出。抿石子及洗石子，皆屬於可呈現天然石材質感的運用工法。洗石子的完成面摸起來表面較刺，也較容易卡塵，加上清洗時汙水四散，容易汙染到附近鄰居或土地，因此現今多採用海綿擦洗的抿石子，其表面摸起來較圓潤，質感也較精緻。

適合風格	現代風、自然風、和風、鄉村風
適用空間	玄關、客廳、衛浴、室外地面、建築立面
計價方式	以公斤計算，不含施工
石材價位	NT.180～1,500元／公斤
產地來源	台灣、東南亞

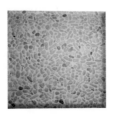

天然石

琉璃石

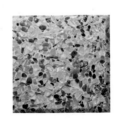

寶石

位於市郊獨棟別墅社區，屋齡已有40多年，翻新時重新改造了外觀，以低調的抿石子作為外牆及地坪主要素材，地坪拼接拋光長條石材，為線條簡潔的外觀增加一些材料的溫度。圖片提供_奇逸空間設計

從地板開始，以灰色抿石子鋪陳，一路延伸至浴缸、戶外陽台，在淋浴空間用上黑色抿石子，界定出機能及用途。圖片提供_無有設計

抿石子壁面、火山石的洗手檯、黑白相間的馬賽克，律動且粗獷的材質，組合出充滿自然的休閒氛圍。雙面盆的設計，能讓家族成員使用更便利。圖片提供_奇逸空間設計

考慮到屋主在美國生活的習慣，而選用了壁掛式馬桶，並增加水線管路的配置。同時，也利用壁面來規劃置物層板及毛巾架等，使用更方便！挑高的淺黃抿石子牆面，優雅又質樸，完美展現這間大浴室的機能美與空間感。圖片提供＿鼎睿空間設計

Plus1 更多石材運用賞析

中島廚房後方隱藏著通往主臥房、客臥以及必須容納電器設備，為了整頓這些功能性物件，設計師
利用比石材更輕薄的採礦岩作立面材質，如同木皮的施工方式，加上重量輕可懸掛門片。由於採礦
岩本身的色差嚴重，因此設計師再運用烤漆將色差降至最低，表現出具特殊紋理但卻純淨的牆面效
果。圖片提供_水相設計

客廳刻意挑選座椅較深的沙發,以及運用鐵件製成並放入鵝卵石的茶几,共同引出休閒又自由的味道。電視牆使用大理石材質,帶一點粗狂的紋理,以及加深的溝縫線條宛如潺潺流水,剛好與陽台自然景觀相呼應。圖片提供_尚藝空間設計

大廳牆面選用洞石,地坪則以波斯灰和印度黑兩種大理石拼貼圖騰,天花板採用大理石漆,部分立面採用雲石薄片後面設計照明,透出柔和又貴氣的氣氛燈光。圖片提供_諾禾設計

鏡中反映出來的牆面,選用了白色結晶、含有粉色貝殼的雪貝化石,牆面的玻璃馬賽克也將屋主喜愛的品牌圖騰融入其中。圖片提供_力口建築

書房與餐廳以一道玻璃摺門區隔，形狀大小色澤不一的鵝卵石牆，和餐廳那面規律而有秩序的清水模牆，形成強烈對比。圖片提供_雲邑設計

從書房望向餐廳，拉門闔起時，燈光反射有如剪影，給予使用者浪漫有趣的氛圍感受。圖片提供_雲邑設計

書房的鵝卵石牆面與廢木料拼貼而成
的天花板，特過複合材質與仿舊衍生
概念設計，將商業空間的田野氣息搬
進居家。圖片提供_雲邑設計

Plus2 檯面石材運用

利用人造石無接縫的材質特色，讓視覺追隨檯面的延伸、轉折，再到浴缸區，創造了流動的現代感線條，同時將每一區塊機能蘊含於設計之中。此外，為了突顯山居的景色，特別將浴鏡由檯面正前方轉至側牆，保留洗手檯前的開窗與綠景。圖片提供_瑪黑設計

一字型廚房搭配中島設計，廚房與中島檯面皆選用石英石，和一旁的木質大餐桌聯結，中島除了讓烹飪更便利，也適度界定了餐廚的位置。圖片提供_禾築國際設計

由於全室最美的河岸景色位於主臥內，為了讓室內更多區域都可欣賞河景，決定打開隔間牆並配合做開放餐、廚區設計，並以一座中島吧檯來連結餐桌，解決了原本小廚房無處規劃工作檯面的問題。圖片提供_森境設計、攝影_KPS游宏祥

除了主要的廚房之外，因應屋主需求在二樓另規劃一處以輕食料理為主開放式餐廚，壁面特別選搭大理石材，突顯精緻質感，中島吧檯則融入展示功能。圖片提供_水相設計

Part 4
設計師與石材廠商

IS 國際空間設計

陳嘉鴻

　　IS 國際設計主持設計師，憑藉天生的空間感加上獨特的美學品味，投入室內設計的領域，精準的掌握比例線條，擅於運用垂直及水平線條來捉出空間向度，隱藏式的收納方法及傢具的搭配，打造出獨特的居家風格。

| DATA |

02-2767-4000
cjh54419@ms24.hinet.net

里歐設計

偕志宇

　　「設計」即是創新、求變的張力實踐。以人文為空間主題，力求新穎的概念表現，重視動線與機能的流暢與豐富。「生活」即是溫馨、舒適的感知體現。空間，藉由設計的融入，領略創意帶給生活舒適、合宜而愉悦的感知感動。「美學」即是比例、彩度的視覺感動。跳脫風格的框架，設計尋求的是美學的經驗落實，要求創意符合視覺美感的要求。

| DATA |

02-2898-2708
leo.design@ymail.com
www.leo-id.com

力口建築

利培安

力口建築創立於2006年,專研空間本質上的個別性,從環境、人文及材料等方面,細部探討合一的可能性,藉由發展為現代空間的多元性。

| DATA |

02-2705-9983
sapl2006@gmail.com
www.sapl.com.tw

水相設計

李智翔

喜愛以現代畫作中的風格作為設計的靈感來源,為的是將幽默的設計語彙與強烈故事性融入經手的空間。簡單卻又細膩的手法讓作品整體乍看單純,卻又能讓人單獨的咀嚼品味每一項環節。

| DATA |

02-2700-5007
info@waterfrom.com
www.waterfrom.com

禾築國際設計
譚淑靜

因為對設計的堅持，一路走來始終熱情；因為女性特有的纖細思慮，得以更周延地關注空間的情感面，因為專業的素養，所以讓設計更存在於無形之中，全都化為舒適的五感體驗。禾築設計的作品與人極佳的辨識度，明亮的採光環境、清新的空氣流動加上質樸的色彩，讓生活表情少了浮誇，多一些實用的機能，同時也讓每一個家更有自己的表情。

| DATA |

02-2731-6671
service@herzudesign.com，herzu_design@yahoo.com.tw
www.herzudesign.com

禾觀空間設計
徐瑋逸、禾觀設計團隊

以人為主軸。不追求華麗無實的外表，惟在乎屋主真實的居家感受。打造符合屋主需求，講求實用卻不失品味的高品質環境空間。 我們相信設計不僅僅是單純的表面美化，而是需要有更深刻的體認 - 對於人。 加入人的因子，以人為本體，考慮人的習性，讓其與空間產生互動，相互映趣，這才能稱為一個好的空間設計。

| DATA |

03-528-0773
hguan888@gmail.com
zh-tw.facebook.com/HGuan888/

奇逸空間設計

郭柏伸

　　奇逸空間成立以來，堅持設計應著重於空間的充份利用及動線的流暢度，了解業主對生活上的需求後，將其帶入我們對設計上的堅持，在簡潔及乾淨的設計中，同時也能保有家的溫暖及舒適。擅長現代風及簡約風，使用梧桐木、環保纖維板等，打造溫暖且風格獨具的現代居家。

| DATA |

02-2752-8522
free.design@msa.hinet.net
www.free-interior.com

沈志忠聯合設計 ｜ 建構線設計

沈志忠

　　1998年畢業於倫敦藝術大學雀爾喜學院，2005年成立建構線設計。沈志忠認為，設計應追求原創，每個案子都應隨著空間、時間與人而發展出不同主題。建構線設計多年來不斷地挑戰自我，也相當重視人與人的交流，以及人與空間之間的關係。主張生活空間不應被表象的機能給制約，而出現阻擋視線的隔牆或閒置空間。在保有寬敞與便利的同時，利用摺疊的概念，將未來的需求愈先納入現有空間；並透過細節的規劃與施工，來展現生活與空間的精緻美感。

| DATA |

02-2748-5666
ron@x-linedesign.com
www.x-linedesign.com

明代室內裝修設計有限公司
明代室內設計團隊

在明代室內設計的作品裡，空間的線條是純粹而簡單的，而且並不讓人感覺冰冷生硬。以細緻的設計手法，依據不同屋主的生活型態，從根本來調整格局與動線，並運用自然元素，開放空間尺度，打造令人放鬆的心靈之所。擅長運用自然意象為設計的元素，再搭配簡約的設計手法鋪陳空間，讓使用者著實感受到自在與舒適，同時也體現空間最自然的表情。儼然是許多樂活族喜愛的減壓設計。

| DATA |

02-2578-8730
03-426-2563
ming.day@msa.hinet.net
www.ming-day.com.tw

尚藝設計
俞佳宏

秉持設計的藝術取決於空間動線、收納、實用的便利性與風格的完美結合，與有十多年完整設計、工程經歷，並具備建築物室內設計乙級技術士資格的尚藝設計團隊，事前與屋主充分溝通、細心觀察，為屋主清楚展現專屬的空間性格。同時堅持技術專業第一、服務優先原則，讓打造過程與實品一樣愉悅動人。

| DATA |

02-2567-7757
shang885@hotmail.com
www.sy-interior.com

金湛設計

凌志謨

打造優質、個性、舒適、時尚的空間設計，依照每位委託者的需求，設計出令人滿意並讚賞的空間，是金湛設計對自我的要求。透過充分了解委託者的想法與喜好，與對理想空間環境的想像，再藉由金湛專業的團隊位委託者量身打造，並對每個環節的品質做好把關，讓設計能完整呈現。

| DATA |

03-338-1735
goldesign.mo@gmail.com
www.goldesign.com.tw

福研設計

翁振民

團隊成員包括建築師、大學講師、資深室內設計師及工程管理人員，專注於居住空間的建築及室內設計，希望透過室內設計改善整體的生活品質，同時建立起適合台灣居住型態的室內設計風格。室內設計沒有標準答案，所以我們對每一個室內設計個案，都本著研究的心態，尋找最適合業主及基地的室內設計方案，為大家共同的幸福生活盡一分力！

| DATA |

02-2393-6013
jimmy@happystudio.com.tw
www.happystudio.com.tw

相即設計

呂世民

　　相即設計成立於2009年10月，以年輕、活力為號召，以創意、專業為本質，有別於樣板化的設計，企圖讓每個作品都有它量身訂製的價值，讓企業、商業空間、私人住宅等得到最完善的服務與諮詢。

| DATA |

02-2725-1701
info@xjstudio.com

近境制作

唐忠漢

　　近境制作是一組獲獎無數的精兵團隊，在主持設計師唐忠漢的帶領下，以居家的舒適為主，個性鮮明又有質感的設計品味為輔，向來風格不受拘束，擅長將光影與空間完美結合，且重視創意的實用價值與機能再造，作品廣受菁英客層喜愛。擅長以暢然氣度為不同空間標註出一場平衡美學，打破了既有的思維，重現空間新組合的各種可能性。

| DATA |

02-2703-1222
DA@da-interior.com
www.da-interior.com

品楨空間設計

陳膺信

　　秉持因地制宜，因人而造，沒有專業的傲慢、只有因地、因人出發的設計理念，透過專業的引導，落實溝通與執行，將空間的表情與需求結合。透過串聯─衍生，將一種情境化作設計主題；將一種感覺轉換成創意執行；將大自然的光、木、水、石及色彩延續、強化與對話，讓空間變化展現理性與機能的層次。

| DATA |

02-2702-5467
pj@pjdesign.tw
www.pjdesign.tw

森境建築／王俊宏室內裝修設計工程有限公司

王俊宏

　　以「尊重居住者的生活」做為空間規劃的基礎，擅長以連貫性的設計承載瑣碎的生活機能，引領出當代住宅內斂而沈穩的內涵。除了注重線面的設計外，設計團隊對於住宅光線的明亮關係也相對重視，同時更能精準掌握建材的顏色、紋理、質地，讓居住空間自然人文風采。強調居家規劃應回歸居住者的真正需求與使用習慣，使其住的舒適而自在。

| DATA |

02-2391-6888
wchdesign@gmail.com
www.wch-interior.com

無有設計

劉冠宏

無特定風格立場，以業主需求（人）、場地環境（地）為思考核心，發展原創設計。結合物理環境、空間合理使用、人體人工學並滿足業主需求，然後以設計手法來融合。

| DATA |

02-2756-6156
info@woo-yo.com
www.woo-yo.com

雲邑室內設計

李中霖

在雲邑設計的空間中可以明顯感受一種劇場性格，其間的創意與衝突每每成為作品中不可獲缺的提味元素，然這些看似極具張力的視覺畫面，透過設計師的整合、平撫後，卻又能轉化為優雅與和諧的氛圍，並成為滲入平凡場景的空間深度與精神意涵，也讓家更耐人尋味。

| DATA |

02-2364-9633
st6369@ms54.hinet.net
www.yundyih.com.tw

創研空間設計

何俊宏

以開創力、創造力、研究力、思考力作為設計的動力，透過完美的專業流程，將設計人的理性與感性結合，用心思考, 熱情創造，替屋主打造出有生活實用、有心靈感觸的不同空間體驗與感受，並且以有效率的成本控制，讓每個屋主得到最大的滿足。

| DATA |

02-2775-2860
general@cplust.com
www.cplust.com

瑪黑設計工程有限公司

朱晏慶

空間設計的價值在於從細緻敏銳的多方聯結所展現的獨特性格，藉由設計構思在生活中找到空間物件不同的意涵，並從體驗空間設計的精妙中，展現對生活的態度，持續從中獲得不同的體認。

| DATA |

02-2570-2360
mrd@maraisdesign.com
www.maraisdesign.com

諾禾設計

翁梓富 · 蕭凱仁

　　諾禾設計是一個新的團隊,接案形式從建築到室內到產品。強調的是設計概念的發想及創新,使作品更多元性。公司作品侘寂居也榮獲2012 TID award大獎。不特別強調風格營造,而是透過溝通及現場勘驗將設計適當的植入到空間中。

| DATA |

02-2528-3865
noir.design@msa.hinet.net
www.noir.com.tw

鼎睿設計

戴鼎睿

　　成立十多年,一直秉持「以人為本」的理念來設計每個空間,期待以認真的態度、熱忱的服務、細緻的施工,為每位委託的屋主量身打造美好居家。同時不斷思考人與空間和環境的關係,設計手法與選用材質與時俱進,公司在成長中不斷蛻變,也反映在每件作品的獨創性之中。

| DATA |

03-427-2112
design@ding-rui.com
www.ding-rui.com

新澄設計

黃重蔚

2009年成立於台中，主要以建築、住宅、商業空間規劃，包含整體形象設計，並提供專業的工程承攬管理，以精確的施工技術，為客戶打造出獨特專屬的生活空間。

| DATA |

04-26527900
new.rxid@gmail.com

石材廠商

舜泰石材
02-2619-2068

群逸石材
02-2610-6171

力豐石材
02-2599-7788

詠聖大理石
02-8531-2547

新睦豐建材
02-2369-2386

櫻王國際建築化工
04-895-1387

畢卡索石材
02-2291-7851

弘象企業
04-2205-6509

榮隆建材
03-301-3804

台灣石材
03-852-7121

石材專有名辭及裝修術語解釋

火成岩、變質岩、沉積岩

地球之表面是由一層堅硬的地殼包覆，但在地球內部的地函，則為熔融的物體，稱為岩漿，岩漿和地殼的組成元素相同，由岩漿直接形成的岩石，為最原始的岩石，稱為火成岩，如花崗岩、玄武岩等。火成岩露出出面處，受風化作用，被水流帶至低窪處，經過長時間的沉積作用，或是動植物殘骸堆積而成，又成為一種地層，稱為沉積岩或水成岩，如石灰岩、砂岩等。地殼繼續不斷變化，使火成岩及水成岩受造山運動的擠壓、或受地心熱力的侵入、各力相擠，而變化成另一種岩石，稱為變質岩，如片麻岩、大理石等。

吸水率

石材之吸水率，係指石材吸收水分之重量與其乾燥時重量之百分比，石材之吸水率與其種類、孔隙等之不同而異，通常孔隙率高者，其吸水率高，反之，則吸水率低。在工程應用之石材，以吸水率低者為宜。石材吸水率試驗之方法與其比重試驗之方法相同，可由以下算式，計算出石材的吸水率。

$$吸水率 = \frac{石材飽和面乾重量 - 石材烘乾重量}{石材烘乾重量} \times 100\%$$

孔隙率

石材之孔隙率，係指石材內總孔隙體積與其固體部分體積之百分比，若石材之孔隙率大，則其比重小，耐久性差，易風化分解，故工程應用上的石材，孔隙率不宜過大。

硬度

石材的硬度，通常以該石抵抗磨損的能力表示，此種試驗常使用 Dorry 或 Amsler 型硬度試驗機，設試驗前之重量為 W1，試驗後之重量為 W2，則通常用於路面工程之石材，必須硬度大，磨損抵抗性大。

$$磨損硬度 = 20 - \frac{W1 - W2}{3}$$

$$磨損率 = \frac{W1 - W2}{W1} \times 100\%$$

耐久性

石材因組織、種類、及所處環境之不同，而影響其耐久性，般而言，石材之耐久性均甚佳，花崗岩最耐風化及耐磨，但其耐火性卻奇差，因花崗岩於溫度升高至 600℃ 左右，即開始有裂縫，且其強度亦大減，石灰岩則在 910℃ 左右，才會分解。

耐火性

石材耐火性因石材種類而有所不同，有些石材在高溫作用，會發生化學分解。如石膏於溫度高於 107℃ 時發生分解，而石灰石及大理石，則於 910℃ 時發生分解。而某些石材因構成的礦物受熱膨脹不均，而容容易產生裂縫，如花崗岩等。

風化

石材因受周圍環境影響，如溫差變化，水與冰的結冰、融化作用，植物根部作用、以及其他作用等，使石材分解成碎片。而大氣與地下水中，含有各種元素，如氧、碳酸鹽、銨鹽、氯化物、硫酸鹽、有機化合物等，

這些物質與石材接觸後，會引起石材緩慢的化學破壞過程，因而改變石材成分，同時發生複雜的氧化、碳酸化、水化過程，這些變化過程，就稱為風化。

解理

岩石受到應力作用時，常會沿著垂直應力方向，或岩石本身具有的弱面破裂，這些破裂面就稱為岩石的解理。同樣的，岩石解理也會重複的出現，使得岩石外觀看起來像是纖維狀的樣貌。解理的現象在變質岩，尤其是板岩或千枚岩中很常見。

劈面

石材劈面是一種加工方式，使石材表面呈現不規則的凹凸鑿痕。

無縫處理

一般軟石類如大理石、木化石、玉石類較易施工，效果也較好；硬度較高之材質，研磨費工費用相對較高。大理石是天然石材，若施作無縫處理，能呈現有如同一塊石材的一體感，施作上需注意，縫隙必須維持在0.3mm以內，若是預留縫隙太大或太小，不僅會造成縫隙難以填入材料，造成空心或僅只表面填縫，更可能會造成影響其工法所想要呈現的無縫美感。無縫處理常用的填入材有以下三種：

1. 半固（鏝刀型）樹脂補膠：易施工，價錢低廉，但填補深度淺，易脫落。

2. 流入型樹脂補膠（poly）：易調色，完全填滿接縫，不易脫落。

3. 環氧樹脂補膠（epoxy）：不易調色，完全填滿，耐候佳，不易脫落，但價錢較高。

施工步驟如下：

Step 1 透氣排乾：大理石安裝後，約需一周的硬化養成期，待水泥砂漿固化，水氣排乾至一定程度，才可施作。

Step 2 接縫清理：使用約1mm的薄型切片，不加水切縫並使用吸塵器將縫內砂土、灰塵吸淨，缺角須一併整修。

Step 3 補膠調色：使用分色法，比對石材顏色後依比例加入硬化劑，注入接縫，調色原則為透明度、色度、色比、鮮度、明暗。

Step 4 接縫整平：須使用5HP馬力以上的砂輪機或是砂紙機作全面整平作業，至石材亮面完全磨除及磨平為止。

Step 5 研磨：使用鑽石磨片依序仔細研磨。

Step 6 拋光：依石材種類選擇適用的拋光粉進行拋光後即可大功告成。

石材病變

天然石材最常見的病變約可分以下幾類：

水斑

石材表面濕潤含有水氣，使石材表面產生暗沉的病變現象，影響石材的美觀。主要是因為石材本身吸水率及孔隙率偏高，或石材安裝時靠近於水源處且未施作防護劑做防水處理，或不按照正確的施作方式，以及在安裝時水泥砂漿及水灰比例過高等不當因素。

白華

即是在石材表面或在填縫處有白色粉末，解析出的污染現象。此種病變現象常發生於戶外或水源豐沛處。以濕式工法安裝安裝石材時，背填水泥沙漿中的氫氧化鈣等鹼性物質，被大量的水解離出來，由毛細管滲透至石材表面或填縫不實之處，氫氧化鈣再與空氣中的二氧化碳或酸雨中的 SO_2 化合物反應，形成碳酸鈣或是硫酸鈣，而當水份蒸發時，碳酸鈣或硫酸鈣就結晶解析形成白華。

鏽黃

通常鏽黃發生的原因可從三方面來討論，1 石材本身含有不穩定之鐵礦物（硫化鐵最不穩定）所發生的基材性鏽黃，即原發性銹黃；2 石材加工過程中處理不當所產生的鏽黃；3 安裝後配件生鏽的污染。

吐黃

一般產生的原因有：1. 使用瞬間膠。2. 防水不良水分過高。3. 高鹼水泥砂漿引起的反應。4. 石材本身有裂痕或黏土材質。5. 空氣不流通，透氣不良。6. 打蠟影響石材透氣。7. 石材含鐵質。

Material 09

石材萬用事典 Stones Material 暢銷修訂版

設計師塑造質感住宅致勝關鍵 350

作者	漂亮家居編輯部
責任編輯	許嘉芬・楊宜倩
文字採訪	許嘉芬・張麗寶・蔡銘江・楊宜倩・鄭雅分・
	黃婉貞・李亞陵・張景威・蘇湘芸
美術設計	詹淑娟・莊佳芳・Eddie
插畫繪製	楊晏誌
發行人	何飛鵬
總經理	李淑霞
社長	林孟葦
總編輯	張麗寶
副總編輯	楊宜倩
叢書主編	許嘉芬
行銷企劃	翁敬柔

出版　城邦文化事業股份有限公司 麥浩斯出版
E-mail　cs@myhomelife.com.tw
地址　104 台北市中山區民生東路二段 141 號 8 樓
電話　02-2500-7578

發行　英屬蓋曼群島商家庭傳媒股份有限公司城邦分公司
地址　104 台北市中山區民生東路二段 141 號 2 樓
讀者服務專線　0800-020-299（週一至週五上午 09:30 ～ 12:00；下午 13:30 ～ 17:00）
讀者服務傳真　02-2517-0999
讀者服務信箱　cs@cite.com.tw
劃撥帳號　1983-3516
劃撥戶名　英屬蓋曼群島商家庭傳媒股份有限公司城邦分公司

總經銷　聯合發行股份有限公司
地址　新北市新店區寶橋路 235 巷 6 弄 6 號 2 樓
電話　02-2917-8022
傳真　02-2915-6275

香港發行　城邦（香港）出版集團有限公司
地址　香港灣仔駱克道 193 號東超商業中心 1 樓
電話　852-2508-6231
傳真　852-2578-9337

新馬發行　城邦（新馬）出版集團 Cite（M）Sdn. Bhd.（458372 U）
地址　41, Jalan Radin Anum, Bandar Baru Sri Petaling,
　　　57000 Kuala Lumpur, Malaysia.
電話　603-9057-8822
傳真　603-9057-6622

製版印刷　凱林彩印股份有限公司
定價　新台幣 550 元
2019 年 4 月三版一刷・Printed in Taiwan　版權所有・翻印必究（缺頁或破損請寄回更換）

國家圖書館出版品預行編目 (CIP) 資料

石材萬用事典 Stones Material【暢銷修訂版】：
設計師塑造質感住宅致勝關鍵 350 /
漂亮家居編輯部著 . -- 3 版 . -- 臺北市：麥浩斯資訊出版：
家庭傳媒城邦分公司發行, 2019.04
　面；　公分 . -- (Material；9)
ISBN 978-986-408-488-3(平裝)

1. 家庭佈置 2. 空間設計 3. 石工

422.5　　　　　　　　　　　　　　　108005230